建筑工程施工质量评价标准培训教材（第二版）

《建筑工程施工质量评价标准》编制组　编写

中国建筑工业出版社

图书在版编目（CIP）数据

建筑工程施工质量评价标准培训教材/《建筑工程施工质量评价标准》编制组编写．—2版．—北京：中国建筑工业出版社，2017.4

ISBN 978-7-112-20577-6

Ⅰ.①建… Ⅱ.①建… Ⅲ.①建筑工程-工程质量-评价-标准-中国-教材 Ⅳ.①TU712.3-65

中国版本图书馆CIP数据核字（2017）第046210号

建筑工程施工质量评价标准
培训教材（第二版）
《建筑工程施工质量评价标准》编制组 编写

*

中国建筑工业出版社出版、发行（北京海淀三里河路9号）
各地新华书店、建筑书店经销
唐山龙达图文制作有限公司制版
廊坊市海涛印刷有限公司印刷

*

开本：850×1168毫米 1/32 印张：5⅜ 字数：144千字
2017年3月第二版 2017年3月第六次印刷
定价：**28.00**元
ISBN 978-7-112-20577-6
（30249）

本书共有九章内容，分别是概述、标准的基本规定、地基与基础工程质量评价内容介绍及举例、主体结构工程质量评价内容介绍及举例、屋面工程质量评价内容介绍及举例、装饰装修工程质量评价内容介绍及举例、安装工程质量评价内容介绍及举例、建筑节能工程质量评价内容介绍及举例、施工质量综合评价内容介绍及举例等。

本书对标准中每条条文的内容涵义进行解释以及操作时的注意事项进行了讲述，对理解和掌握该标准有很好的帮助。本教材可供施工企业、监理单位和建设单位人员使用，也可供质量监督人员及管理人员参考。

* * *

责任编辑：常　燕　付　娇
苏浩然　刘婷婷
责任校对：焦　乐　关　健

本书编写人员

吴松勤　吴　洁　史　捷　杜晓宇

再版前言

国家标准《建筑工程施工质量评价标准》GB/T 50375 经过对2006 年稿的修订，已于 2016 年 8 月 18 日批准发布，自 2017 年 4月 1 日起实施。这本标准是在《建筑工程施工质量验收统一标准》GB 50300—2013 及其配套的各项施工质量验收规范，验收建筑工程质量合格的基础上，制订的评定建筑工程质量优良工程的标准。是为了建筑工程质量管理更完善，充分发挥施工企业的创优积极性，建设质量更好的建筑工程，更好地开展建筑工程质量创优工作，使建筑工程质量管理更趋完善。《建筑工程施工质量评价标准》GB/T 50375 是评定施工质量优良等级的标准。

《建筑工程施工质量评价标准》是与建筑工程质量验收系统标准配套使用的，其制订的原则是一致的："验评分离、强化验收、过程控制、完善手段"的编制原则，评价标准在此基础上，重点突出了过程控制，用数据说话，提高工程质量管理措施的有效性，工程质量的匀质性，使用功能的完善性，工程技术资料的完整性及工程质量整体效果的讲究性等，指出了提高工程质量创优良工程的内容和方法。本培训教材系统地讲解是为《建筑工程施工质量评价标准》更好地实施、落实。

本培训教材对每条条文的内容涵义进行解释以及操作时的注意事项进行了讲述，对理解和掌握该标准有很好的帮助。可供施工企业、监理单位和建设单位人员使用，也可供质量监督人员及管理人员参考。

目　　录

第一章　概　　述

第一节　评价标准出台的背景

一、评价标准出台的背景

建筑工程质量评价是施工质量管理、质量验收中的一个重要内容。现行国家标准《建筑工程施工质量验收统一标准》GB 50300 及其配套的各专业工程质量验收规范只设有合格质量等级，这只是加强政府管理的主要手段，确保工程质量达到安全和使用功能。这项工作对于施工企业和用户来讲，是最低的质量要求，是施工企业必须做到的，建设单位必须按其验收的，否则不许交工使用。但是，随着工程建设的发展，广大施工企业施工技术水平的提高，质量管理水平的改进以及人民生活水平的提高，对建筑工程质量的要求也高了，仍停留在达到合格的水平上，就满足不了社会的要求。为此，在建筑工程质量验收合格的基础上，制订施工质量优良等级的评价标准，势在必行。

建筑工程施工质量优良评价标准，是在建筑工程施工质量验收合格的基础上的提高，是充分发挥施工企业创优积极性，发展施工技术，提高施工管理水平，提高施工工匠操作水平，提高企业社会信誉，占领建筑市场的重要手段，为社会创建优良的工程质量做出贡献。这是广大人民在生活水平日益提高的基础上提出的新要求，不仅生活、生产的场所要能保证使用安全、保证基本的使用功能，还要房屋能更耐用、更方便、更舒适、更环保和节能，也要更协调美观。建筑工程施工质量优良评价标准的颁发，有比较深厚的社会基础，是社会生产发展、物质发展、文明发展的要求，对推动建筑业的发展和社会经济建设发展将会有一定的支持作用。这就是《建筑工程施工质量评价标准》出台的主要背景。在使用 10 年后，现又进行了修订。

二、评价标准编制的依据

《建筑工程施工质量评价标准》是在现行国家标准《建筑工程施工质量验收统一标准》GB 50300 及其配套的各专业工程质量验收规范的基础上提高的，与其编制指导思想是一致的，与其控制原则也是一致的。优良评价是在质量合格验收的基础上再进行评价，优良评价不是一个新体系，与施工质量验收规范是一个体系，是在合格基础上的再提高。为工程施工质量创优提供了内容和方法。主要从以下几个方面来提高：

1. 提高控制措施编制及落实的有效性。制订的质量控制措施简明扼要，有针对性、可操作性，是对操作工人培训的教材，施工技术交底的主要内容，并能很好地落实到施工过程中，能起到很好的指导施工的作用。

2. 提高工程质量强度的均质性和施工精度。工程质量由设计确定其强度等级及使用寿命期限，施工过程不能随便提高其强度等级，不然就是改变了设计质量控制，提高了设计等级，也提高了工程造价。施工过程的质量提高主要是通过加强过程管理，使各项工程的质量水平达到均衡均质，减少离散性并能用平均值、均方差、最大最小值限制等来表示。使各工程部位的质量尽可能达到均质的强度，来提高工程的安全性和使用寿命。保证工程质量的操作精度，也是减少经济损失，提高经济效益，保证工程质量的重要内容。建设好工程质量是企业最大的经济效益。

3. 提高使用功能的完善性。工程的价值就是要保证使用功能，但必须在确保工程安全的情况下，确保设计的使用功能，才是真正的保证使用功能。提高施工质量可以把使用功能更好的发挥。其中主体结构、空间尺寸、设备设施的安装、装饰装修效果都直接关系到使用功能和使用效果，把各项质量搞好，就能很好地保证工程使用功能的完善。

4. 提高装饰装修及工程整体效果。装饰装修是工程质量的一个重要方面，在工程结构安全得到保证，使用功能得到满足的前提下，工程的装饰效果，对工程本身、对周围环境、对城市面貌都有重要影响，是不可忽视的一个重要方面。它体现了工程的艺术性、社会性、文化性等诸多因素，要实现工程的整体效果，必须在施工过程中精心组织，精心施工，精心操作，提高工程施工精度才能达到目的。

建筑工程是城市建设的分子、元素，影响着城市的景观与功能，其整体效果是必须重视的。

5. 提高工程资料的完整性。工程建设的特点是过程验收，不能完全进行整体测试和试验，是间接的或不完整的。而一些过程又会被后边的过程、工序所覆盖，到工程完成时已经看不到，测不到了。这些情况就要靠工程资料来证明和佐证。所以，工程资料包括控制资料、质量记录、验收资料、检测资料等都是工程质量不可缺少的部分，或者广义的说是工程质量的一部分。工程质量包括实体质量和工程资料。经过精心管理，使施工过程各工序质量的验收资料、质量记录，检测数据做到真实、及时有效，资料完善，数据齐全，能反映工程建设过程情况及工程质量的全部情况，并为工程的验收、维护维修，未来改造利用发挥作用。工程资料的完整性是工程质量的一个重要方面。

总之，工程质量优良评价标准要从上述五个方面进行，主要是通过数据及专家评分两个方面来进行评价。其控制模式如图 1-1 所示。

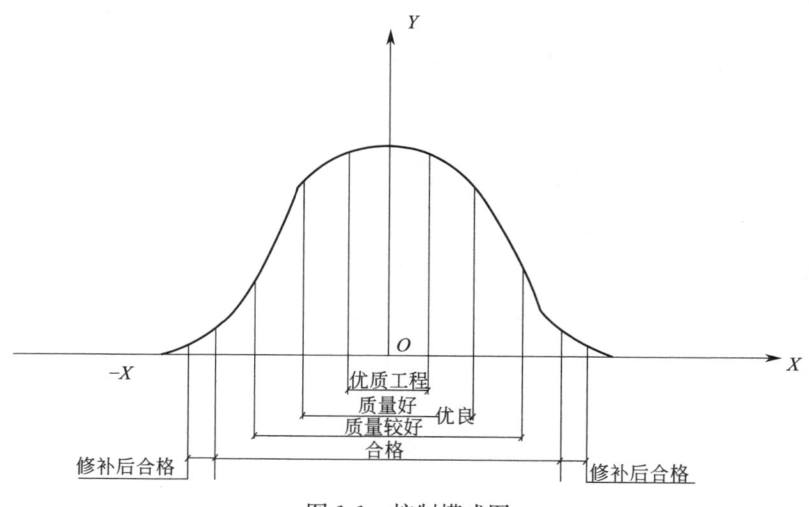

图 1-1 控制模式图

国际上常用的02表评价方法：

（1）数据；

（2）专家评分。

本优良工程评价方法就是利用02表的数据和专家评分来实现的，本评价标准培训教材评优良工程的控制主要内容：

（1）控制措施制订及落实的有效性；

（2）工程质量的均质性；

（3）使用功能的完善性；

（4）工程整体装饰及效果的讲究性；

（5）工程资料的完整性。

三、创优良工程必须加强科学管理

工程创优是一个系统工程，必须是制订系统的措施全过程统筹安排，各工序加以控制，管理要到位，措施要有针对性和可操作性，程序过程要有序不紊，操作技能要精湛，要做到一次成活，道道工序是精品，还要注重节约，注重文明安全施工、绿色施工，创造良好的经济效益和社会效益。

1. 实施创优的工程必须在工程开工前制订创优的质量目标，进行系统的质量策划，做到实施质量目标管理，只有目标明确了，才能根据目标的要求制订有效的控制措施。创优目标是动员企业广大职工积极性的有力武器，只有目标明确了，才能动员企业（项目经理部）的广大职工为创优目标进行工作。创优目标的制订应结合企业自身的实际情况，逐步提高质量目标、提高管理水平、提高操作水平、不断改进、不断总结，经过多次努力，就能创出高质量水平的工程。不能凭空制定不切实际的目标，目标定得太高，管理、技术操作都跟不上，目标就很难实现，这样会损害职工的积极性并且会形成目标是目标，实现是实现，失掉了质量目标的严肃性，也损失了职工的工作热情。在企业管理中，一定要形成一种风气，一种企业文化，凡企业对外承诺的事，一定要办到，凡企业制订的质量目标，一定要实现。这样的企业管理才是科学的，是有计划的有效的管理，使企业职工养成一种说话算数的企业品质，这就是诚信。

目标管理是有计划的管理，是企业经营管理的核心。创优计划是要动员企业职工为之努力的一项工作，必须有明确的目的。创优的出发点是：

一是对合同的承诺，建设单位要求工程创优，这种情况在工程承包合同中一定要明确质量目标的具体要求，明确有关参与方的责任，创优是要有投入的，创优的费用在合同中要明确。有的合同还规定了质量目标实现结果的奖罚条款，这更要明确目标判定的标准，判定的权限等。

二是企业自身创信誉而提出的目标，这也要明确企业内部的责任，将有关要求落实到各部门去，落实到各“工程项目部”去。同时，要与外部单位进行沟通，求得支持，只有这样目标才能落实。

2. 创优的工程应推行科学管理。建筑工程质量管理重点是过程控制，要强化过程中工序质量的控制。工序质量管理是创优的基础，各个工序质量控制好了，整个工程的质量就会好的。

（1）创优的工程一定要落实每个工序的质量目标，把每个工序的目标和措施作为工程管理的重点，要从原材料的质量控制开始，不合格的材料不能用于工程。工程所用材料要有合格证、进场验收记录、检验复核报告资料来证明其质量合格，要由监理工程师验证认可。

（2）工序施工重点是操作工艺要规范，企业要有适合自己的操作工艺，才能创出自己的工程质量水平来，每个企业要研究自己的操作工艺（企业标准），这是代表一个企业标准化程度的重要标志，企业标准就是企业的质量水平。所以，工序质量来源于严格的操作，严格的操作依靠科学的操作标准。企业标准是经过企业技术人员、操作工人自己创造的，是经过实践证明有效的，是达到质量目标的控制措施，经过企业技术负责人批准的企业自己的标准，并在实践中不断完善提高，是创优的基本要素之一。操作班组要按企业标准进行操作，操作过程随时进行自我检查，做好施工记录。班组施工记录是证明自身质量水平或不断改进的依据。

（3）企业标准是培养企业操作人员的基本教材，是提高操作技能的基础，工人上岗前应经过培训，能达到企业标准的要求，才能正式上岗操作，保证道道工序质量一次成活、一次成优，严防返工、修理、整改，这样既保证工程质量、加快了工程进度，又能减少浪费，提高企业的经济效益。

（4）工序施工完成后要加强检测验收，这是目标实现的重要阶段——目标考核，验收要经过必要的检测检验，要有具体的数据来说明质量的水平，检测数据要有分析，要能把一些同类项数值进行统计分析，确定其离散程度，评价其质量水平及效果以及进一步将每个工程有关结构安全的数据、使用功能的数据、尺寸偏差的数据、资料齐全程度等，用数据表示出来，反映工程建设过程控制的水平及达到的质量等级。

3. 评价工程优良一定注重科技进步，环保、绿色施工和节能等先进技术的应用。科技进步、环保、节能、绿色施工等先进技术应用是推进工程质量提高，使用功能完善，建设节约型社会的重要支柱，是推动建筑技术发展、工程质量水平提高的有效措施，也是工程质量的重要内容，应在整个工程建设中加以重视，并在资源配置奖励中给予倾斜支持，使之得到优先发展和重点扶持的机会，所以优良评价标准中还专门做了直接加分的规定。

四、优良工程评价标准还应注重企业管理机制的质量保证能力及持续改进能力

企业管理机制的质量保证能力是优良评价的基础，创建优良工程企业必须有完善的质量保证能力。以增强企业活力和竞争力为重点，提高建筑业整体素质；以改革创新精神，紧紧依靠企业做好质量安全技术管理工作，解决生产安全和工程质量问题。

大力提倡增强企业对质量保证能力的建设和持续改进能力的建设。将检查参与工程建设各方履行质量行为的重点，落实到对质量保证能力上。在施工过程中，除了材料、设计文件等基本因素外，施工企业的质量保证能力是必不可少的。这种能力是质量保证的实

际能力。除了重视资质、制度文件等，更要注重“实际能力”。实际能力还体现在“持续改进能力”上。

一个工程在长时间施工过程中，一点缺陷不出现是不可能的，错了能及时发现，及时主动纠正，这是企业真实的质量保证能力，体现高质量和管理水平。

一个企业、一个班组一开始就高素质、高水平的很少，也可以说是没有的。其素质水平不是天生的，是不断学习，不断实践得来的。所以，一个企业应重视学习和改进。每施工一个工序，班组要总结、检查一次自己的工作哪些地方好，哪些地方还不够好，及时发现及时改进。施工过程中能自己发现问题，能自己采取措施来改进，这是质量保证能力。企业在做一个工程后也要总结检查一次，这个工程哪些地方做得好，哪些地方还不够好，好的用企业标准的形式将其固定下来，不够好的采取措施来改进，这就是搞好工程质量的一个永恒的公式，持续改进能力。我国的建设者前辈，把建筑工程看做一项艺术品，就如一个画家对自己画的画一样，永远达不到完美的境地。建筑工程质量也同样是，只有更好没有最好。

第二节　评价标准编制的原则

一、标准编制过程

第一版是 2004 年根据建设部建标［2004］67 号文通知要求，由中国建筑业协会建设工程质量监督分会会同北京市建委等 17 个单位组成编制组，共同编制《建筑工程施工质量评价标准》。报批稿于 2006 年 7 月 20 日批准发布，于 2006 年 11 月 1 日起施行。

标准编制组经广泛研究确定，在现有建筑工程质量验收规范系列标准的基础上进行抽查，指标要简明扼要、方便使用，能展示工程质量的特点，又便于操作。同时参考了有关评价体系以及上海市建设工程结构创优手册、北京市结构长城杯工程、建筑长城杯工程的评审标准及江苏省的评优办法、广州地区建设工程质量评优标准（试行）（建筑工程）等全国创优良工程的做法。

第二版修订时2014年根据住房和城乡建设部《关于印发〈2014年工程建设标准规范制订、修订计划〉的通知》（建标［2013］169号）的要求，标准编制组经过广泛调查研究，认真总结实践经验，参考有关国际标准和国外先进标准，并在广泛征求意见的基础上修订的。

本次修订依据的指导思想同原标准一致，都是在现有的质量验收合格基础上进行完善和改进的。

二、标准编制的指导思想是一致的

1. 总体思路

总的思路是不另立炉灶，也不从头做起，在现有现行国家标准《建筑工程施工质量验收统一标准》GB 50300及其各专业系列规范的基础上提高，提出控制要求和统计数据，抽查列出评价项目，建立评价体系。首先思想上要有明确的认识，一定要突出创优的思路，突出预控和过程控制。重点是：

（1）突出“创”字，即创新、创优、创高。

创新：认识上树立创新观念，管理上开拓创新思路，技术上研究创新控制技术，积极应用新工艺、新技术。

创优：优化工艺，优化控制器具，优化综合工艺形成创优效果，提倡一次成活，一次成优，过程精品，不断创新质量水平。

创高：不断提高企业标准水平，提高质量目标，达到高的操作技艺和高的管理体系。

（2）突出管理的针对性，以工程项目为目标，研究提高项目管理的标准化程度，不断改进企业标准的规范化水平，提倡管理制度的完善和责任制的落实。

（3）突出操作技艺，提倡提高操作技能，开拓工匠效果，用完善操作质量来实现工程的高质量。

（4）突出预控和过程控制，突出过程精品，一次成优，一次成精品，达到精品、效益双控制。

（5）突出整体质量，达到道道工序是精品，每个过程是精品，整个工程是精品。

（6）评价指标不是面面俱到，列出一些能代表工程质量的指标，主要是：

1）质量管理的完善。制度、措施齐全，落实、检查及时，不断总结改进。

2）质量的完美。一是结构要安全可靠，完善工程的结构强度、刚度和整体稳定性，水平和竖向位置的轴线、标高的控制到位，构件几何尺寸、断面尺寸要正确平整、方正；二是设备、设施安装使用方便，功能保证，使用安全；三是装饰的完美性，包括安全、适用、美观，讲究质量。

3）用数据来反映工程质量的水平。一是企业标准化水平程度及有效性数据；工程质量匀质性各项指标的达标率、平均值、均方差、最大最小值等数据；安全、功能指标的检测数据；工程技术资料的完整程度数据等。

2. 考虑的具体方面

（1）本标准是在评定合格的基础上，来评价工程优良等级的标准，这个标准的编制是在《建筑工程施工质量验收统一标准》GB 50300 系列各专业规范的基础上进行，遵循了其基本的原则，重点突出过程控制，用数据说话。按照质量验收规范 GB 50300 系列规范“验评分离、强化验收、过程控制、完善手段”的思路，在其验收合格的基础上来抽样验收评价优良工程质量等级。

（2）本标准有利于落实有关工程质量的法律、法规、工程技术标准质量责任制等；有利于充分发挥市场经济的作用，调动施工单位、建设单位创优的积极性；有利于进一步提高工程的质量和管理水平。

（3）优良评价标准应尽量做到指标简明扼要，几个主要指标能将工程质量的全貌反映出来，能引导提高工程质量走向科学管理。

（4）工程质量优良评价标准的使用对象主要是施工单位和建设

单位以及监理单位，是施工过程的主要责任主体。本标准虽为推荐性标准，但对创优工作的工作支持是不容忽视的，而且对改进工程质量的管理有重要作用，一旦建设单位及施工单位或施工单位自行确定工程要创优良工程，本标准就成为其工程质量验收的强制性标准，达不到本标准优良工程条件的，就不能评为优良，而且对评选优质工程也是一个好的导向和基础。

3. 优良工程评价的基础

（1）工程质量评价。

工程质量评价应突出工程质量的特点，应本着合理、简单明了、可操作性强，有较好的预测性、导向性、综合性，能全面评价其质量状况。同时，还应考虑系统性和可比性。工程质量的评价指标是一个较严密的体系，其内容是完整统一的，各部分之间又具有内在的、有机的联系。在工程质量评价指标体系中，这些指标每个指标都具有其单独性，互相之间又有不可分割的联系，单个指标随时间和情况的变动，可反映工程质量水平的某些变化和趋势，多个指标的变化可反映工程质量的发展状况，通过指标的变化比较，可反映出工程质量水平的高低和差异。

总之，工程质量评价指标的设置应考虑评价结果的科学性、全面性和综合性，以实现对工程质量客观和准确的评价。从工程项目评价框架体系来达到评价的全面性。

（2）施工阶段工程项目质量评价框架体系，如图 1-2 所示。

（3）取值的理论依据。

从控制措施的有效性、质量的均质性及资料的完整性，都可以用正态分布图形来描述，其取值范围如图 1-3 所示。控制差的图形是图 1-3(*a*)，取值范围小、离散性大、通过率小，效果不好。控制一般的图形是图 1-3(*b*)，取值范围较图 1-3(*a*）大，但效果也不理想，离散性仍较大，通过率也较小。控制好的图形是图 1-3(*c*)，从图上可以看出，离散性较小、通过率较高、均衡性较好、可靠性较好，是较理想的效果。优良评价标准的目的，就是要把工程的管理和质量水平提高到一个新的高度，通过控制措施的有效性、结构强度、尺寸偏差的均质性、工程技术资料的完整性及观感质量等反

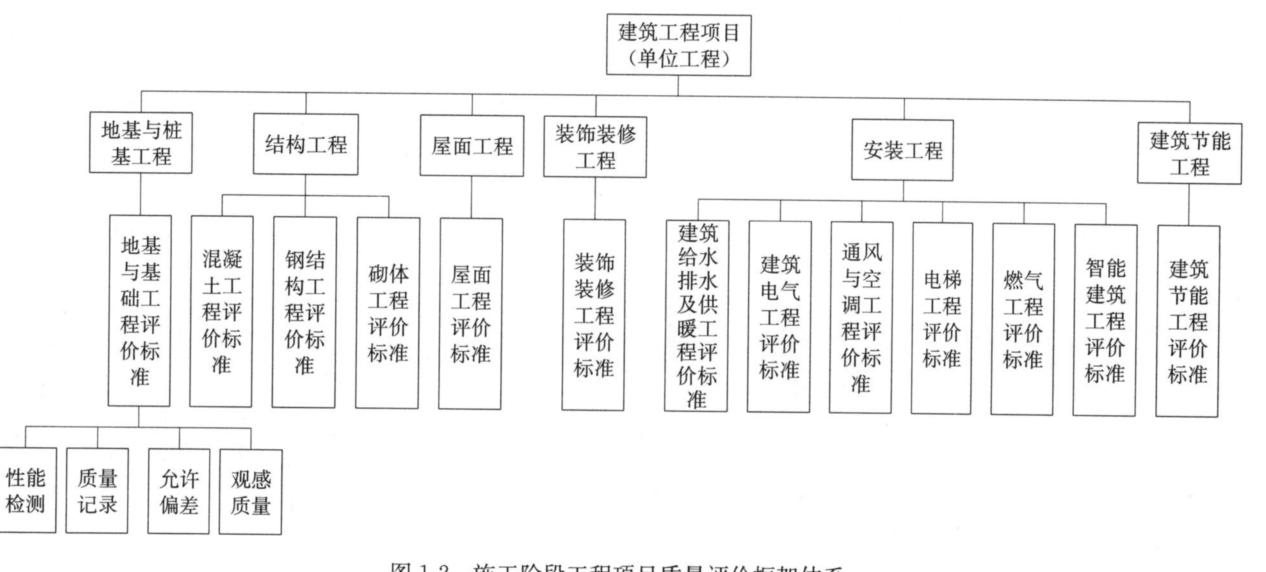

图 1-2 施工阶段工程项目质量评价框架体系

映出来。

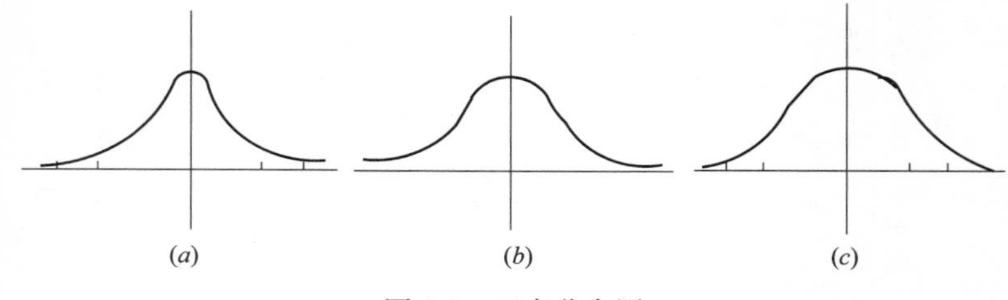

图 1-3　正态分布图

4. 优良评价标准完善了现行国家标准《建筑工程施工质量验收统一标准》GB 50300 系列施工质量验收规范体系。以往工程施工及验收规范和工程质量验评标准都是国家标准，强制执行，由于其条文多，施工技术各地不同，执行较困难，有的执行不了，失去了强制性的意义，在工程质量验收规范编制过程中，重点突出了“验评分离、强化验收”，只规定验收规范是强制性的。施工工艺和施工技术应由企业来做主。评优标准是补充验收规范，只有合格不行，应鼓励企业增强质量意识来创优良工程，提高工程质量管理水平，提高操作技术水平，做出优良工程。

5. 优良评价标准的适用范围与现行国家标准《建筑工程施工质量验收统一标准》GB 50300 系列各专业施工质量验收规范体系的适用范围一致，适用于建筑工程新建、扩建、改建工程的质量验收。优良质量等级的评定，按评价框架体系评分，并分为结构工程（包括地基基础和主体结构工程）、单位工程两个阶段，其先评结构工程，达不到优良等级，单位工程也不能评优良工程。该评价突出了结构工程的质量的重要性。总得分大于等于 85 分时，评为优良等级。

三、这次修订的主要技术内容

1. 原“施工现场质量保证条件”评价项目，调整为规范条文，不单独列为评价项目。

2. 原“尺寸偏差及限值实测”项目调整为“允许偏差”项目，并以规范指标的达标率来评价，取消了提高标准的做法。

3. 增加了“建筑节能工程”。对“燃气工程”的评价推荐了参考表格及内容。

4. 对“质量记录”项目的应得分值作了调整，突出了施工过程、施工试验、检测的质量控制。

5. 将原各项目中的“检验项目”和“评分表”予以合并。使标准内容简单明了。

6. 将地下防水工程列入地基与基础工程评价。将地基与基础工程中的基础部分及地下室的结构采用与主体结构工程评价相同的方法。

7. “评价项目”由三个档次改为两个档次。

8. 评价等级由原“优良、高等级优良”两个等级改为“优良”一个等级。

第三节　工程质量验收规范支持体系

现行国家标准《建筑工程施工质量验收统一标准》GB 50300及与其各专业配套的质量验收规范体系，是根据《中华人民共和国建筑法》、《建设工程质量管理条例》、《建筑结构可靠度设计统一标准》GB 50068及其他有关标准规范的规定编制的。强调了该系列各专业质量验收规范必须同其统一标准配套使用。本优良评价标准也应同该系列质量验收规范配套使用。

此外，建筑施工所用的材料及半成品、成品、设备等，对其材质及性能要求，要依据国家和有关部门颁发的技术标准进行检测和验收。因此说，本系列标准的编制依据是现行国家有关工程质量的法律、法规和工程技术标准。

在执行本评价标准时，必须同时执行相应的各专业质量验收规范，本标准是规定评价优良工程的质量验收指标；相应指标是各专业工程质量验收规范中指标的具体内容，因此应用标准时必须相互协调同时满足要求。

本标准是整个质量验收规范体系的一部分，同时还需要有关标准的支持，如支持体系示意图1-4所示。

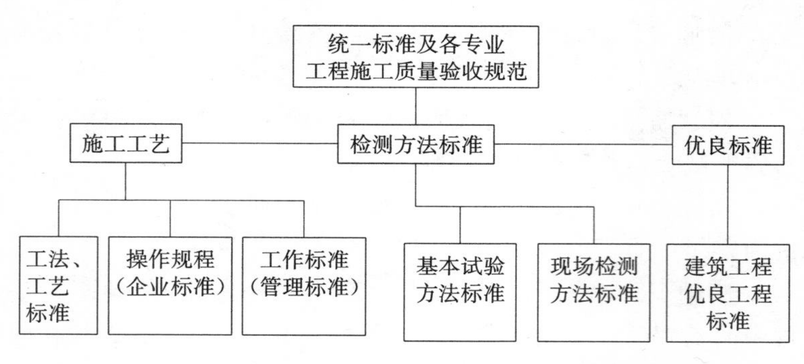

图 1-4　工程质量验收规范支持体系示意图

这个支持体系是通过建筑工程施工质量验收系列标准的落实，必须建立一个全面的技术标准体系。质量验收规范必须有企业的企业标准作为施工操作、上岗培训、质量控制和质量验收的基础，来保证质量验收规范的落实。同时，要达到有效控制和科学管理，使质量验收的指标数据化，必须有完善的检测试验手段，试验方法和规定的设备等才有可比性和规范性。建筑工程质量最基本的是保证工程的安全性和基本使用功能。工程质量合格就行了。如企业和社会要发挥自己的积极性，提高社会信誉，创出更高质量的工程，政府应该鼓励和支持，应有一个推荐性的评优良工程的标准，由社会来自行选用。这就更促进了建筑工程施工质量水平的提高。建筑工程评价标准的实施，是质量验收规范的发展结果，又是促进质量验收规范发展的动力。

第二章　标准的基本规定

第一节　总　　则

1. 本标准总则第一章与其他标准一样，说明标准编制的依据、目的，标准的使用范围及与其他标准的关系等有关内容。编制依据与《建筑工程施工质量验收统一标准》GB 50300 及其配套的各专业工程质量验收规范是一致的。与其他标准不同的、评价的目的没具体说明。本标准原是一个评施工质量优良工程的标准。但由于标准重新启动编制，改为评价标准。实际是一个在建筑工程质量验收合格的基础上，进一步评定施工质量优良工程的标准。

2. 其适用范围的表述也与其他标准不一样，没有明确说明范围。实际上适用范围与现行国家标准《建筑工程施工质量验收统一标准》GB 50300 及其配套的各专业工程质量验收规范的适用范围是一致的。

3. 本标准与其他标准的关系。本标准与现行国家标准《建筑工程施工质量验收统一标准》GB 50300 及其配套的各专业工程质量验收规范是一个标准体系，与其他现行国家标准、行业标准的关系也一样。本标准评价施工质量优良工程等级是在评定验收合格的基础上进行的。

第二节　评价标准的术语

《建筑工程施工质量评价标准》第二章列出了 6 个术语，是本标准有关章节中所引用的，本标准的术语是从本标准的角度赋予其含义的。术语是将工程的一个过程、环节用一个词将其代表，能起到简化规范条文，理解规范条文内容的作用。这些只在本标准和

《建筑工程施工质量验收统一标准》GB 50300 及其配套的各专业质量验收系列标准中引用。其余地方使用仅供参考。其具体内容如下：

1. 施工质量评价

工程施工质量满足规范要求程度所做的检查、量测、试验等活动。包括工程施工过程质量控制、原材料、操作工艺、功能效果、工程实体质量和工程资料等。

2. 性能检测

对检验项目中的各项性能进行检查、量测、试验等，并将检测结果与设计要求或标准规定进行比较，以确定各项性能达到标准规定程度的活动。

3. 质量记录

参与工程建设的责任主体及检测机构在工程建设过程中，为反映工程质量，按照国家有关技术标准的规定，在参与工程施工活动中所形成的质量控制、质量验收等文件及音像资料。

4. 权重

在质量评价体系中，将一个工程分为若干评价部分、系统，按各部位、系统所占工作量的大小及影响整体能力的重要程度，规定所占比重。

5. 优良工程

在满足相关技术标准规定合格的基础上，经过对工程结构安全、使用功能、建筑节能和观感质量以及工程资料的综合评价，达到本标准规定的优良标准的建筑工程。

6. 结构工程

在房屋建筑中，由地基与基础和主体结构组成的结构体系，能承受预期荷载的工程实体。

第三节　评 价 基 础

建筑工程施工优良工程的评价是在评定工程质量合格后进行。工程质量管理是保证工程质量的基础。要从管理、技术、人员专业素质等诸多方面采取措施，才能使工程质量达到合格的要求。创优良工程所采取的措施，要比合格工程质量要求更高。主要有以下几点：

一、确定工程项目创优目标，要健全质量管理体系，落实质量责任，完善控制手段，落实目标管理。

1. 实施质量目标管理。在工程开工前，施工企业根据施工合同的质量要求或企业自身质量管理要求，制订质量目标计划。质量目标一定要结合企业实际水平、工程特点来制定。对已有技术保证能力的分部、子分部工程要落实质量责任，采取措施保证达到质量优良目标；对还有一些差距的分部、子分部工程要研究制订技术措施，落实质量责任，施工过程要及时检测核验，达不到优良标准要求的，要及时发现及时改正、修正质量控制措施。将计划目标进行落实，落实到专业工长、施工班组，并要求各有关部门协调保证，材料、机具、技术、质量等部门密切配合。验收评定人员要及时检查评定验收，对达不到质量优良要求的，要返工、改进控制措施，直到达到目标要求。

2. 健全质量管理体系，落实质量责任。在质量目标计划经过企业负责人批准后，企业各部门和施工现场项目班子，要研究落实质量目标计划的措施。建立必要的管理制度，将质量责任落实到各有关工序和责任人。要求各工序制订施工方案和控制措施，并检查措施的有效性及落实情况，对各工序质量进行验收，达不到优良质量要求的要整改、返工直到达到质量要求。

3. 要提高企业、工程项目部、施工班组的质量保证能力，按施工工艺标准操作，按规定进行及时检查，能自己在操作中及时发现不足或问题，及时改进。这是自我控制能力和质量保证能力的具体落实。

4. 企业工程项目班子要建立综合施工质量水平评定考核制度。在一个工序施工完成后或在一个分项工程施工完成后，以及一个单位工程施工完成后。要组织有关人员进行质量水平评定考核检查。检查质量目标落实情况，施工方案、控制措施有效性情况及质量水平达标的情况。找出不足，进行措施改进，使下一个工序、分项工程和单位工程的质量更完善。这是企业持续改进能力的具体体现。

二、质量控制要求用工程技术资料来体现，质量水平要求用工程技术资料来验证。保证工程质量要求用数据来说明。

1. 加强对原材料、构配件、设备质量的管理，保证用到工程上的都是合格的，符合设计要求的材料、构配件、设备。要按设计文件要求的技术指标订货，材料、构配件、设备进场要按订货合同进行进场验收，其合格证、数量及外观质量符合要求，并形成验收记录；需要检测复试的，要按规定进行复试检测，其检测结果要符合合同要求。有要求的材料，为防止进场后管理不当而损害质量，材料在工程使用前还应进行复试检测，达到要求才能用于工程。合格证、进场验收记录，有要求的复试检测报告应完整。其技术资料与材料数量应一致，其材料数量与工程应用的材料数量也应一致。

2. 施工过程的施工试验、施工记录、质量控制措施应完整。是过程控制的重要方面，是交工验收的重要内容。主要施工现场的施工试验报告或记录，工序施工记录、施工操作依据，施工过程的检测试验，资料应完整。重点要做好检验批的质量管理，要有完整的操作依据，施工单位质量检查评定要做好检查部位和原始数据的记录，认真做好质量评定。原材料配合比、施工记录、量测记录，检验批质量检查评定原始记录等都应完整。

3. 完整的完工检测报告和质量验收资料。工程完工检测是达到设计要求和规范规定的工程质量重要指标。在分部、子分部完工就要按计划进行检测、检验，形成检测报告或检查记录。规定应由有资质的检测机构检测，必须由其检测才是有效的资料。在分部、子分部工程不能检测的项目，必须在单位工程完工后才能检测的项目，应在分部、子分部工程中注明。

质量验收资料是检验批、分项、分部（子分部）及单位工程质量验收的程序所形成的资料，是质量验收的成果。其他检测资料等都为附属资料，应附在相应分项、分部、子分部工程验收资料后面。

三、工程质量评价是在工程质量验收合格的基础上，用抽查的方法来评价优良工程的，不是全面检查核查。重点是：

1. 工程结构安全、使用功能、建筑节能等。这是工程质量的核心。分为地基与基础、主体结构、屋面工程、装饰装修、安装工程和建筑节能工程等 6 个部分进行评价。每个评价部分，有的包括一个分部工程，如屋面工程、装饰装修工程、建筑节能分部工程等；有的包括几个分部工程，如安装工程包括给水排水及供暖工程、通风与空调工程、建筑电气工程、智能建筑工程、电梯及燃气工程等；主体结构还包括了地基与基础分部工程中除桩基外的基础部分，而地基与基础只是地基与基础中地基及桩基部分。目的是方便统一抽查核验。为了突出主体结构的评价，将其中混凝土结构工程、钢结构工程、砌体结构工程子分部工程单独列出。

2. 建筑工程质量评价基本上是按分部子分部工程进行的。资料等抽查比较方便。

第四节　评价框架体系

评价框架是结合工程特点，参照了有关工程质量评价的方案及各地的评价优质工程做法。按照工程的部位、系统划分成若干评价部分，每个评价部分再确定若干个评价项目，每个项目中包括若干评价内容。首先将评价部分根据其在工程中占的比重大小及重要程度给出一定的分值，作为权重。对每个评价部分中的评价项目，根据其内容多少、重要程度，再在其权重的范围内设定评价的标准分值进行评价。

一、框架体系

按照建筑工程的特点，参照了有关建筑工程质量评价方案的框架以及目前国内有关省、市评优质工程的标准和工程质量评价体系的做法，将一个单位工程按照其部位、系统划分为地基与桩基工程、主体结构工程、屋面工程、装饰装修工程、安装工程及建筑节能工程等六个评价部分。对每个评价部分，分别进行评价，然后汇总进行整个工程的评价。其工程质量评价框架体系如图 2-1 所示。

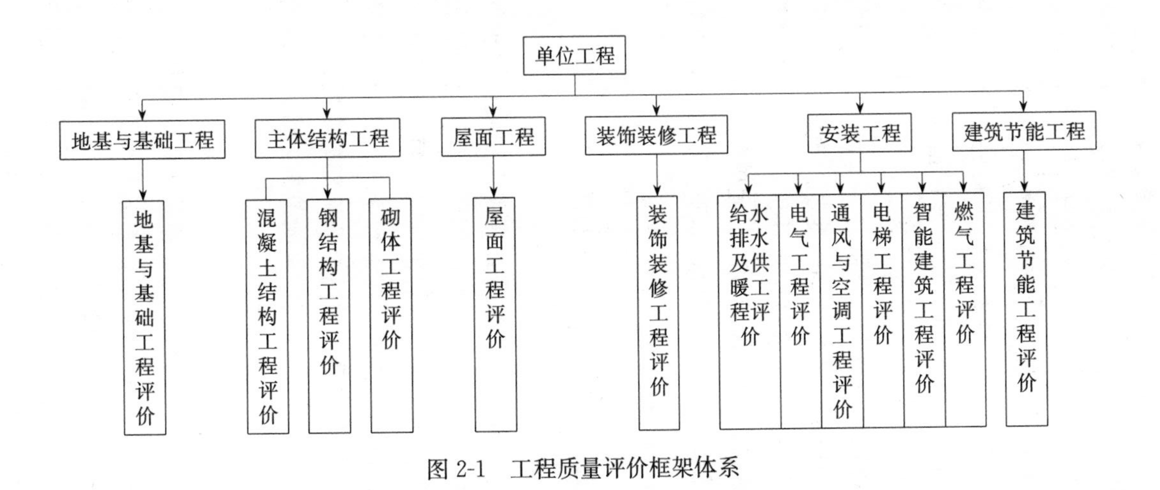

图 2-1 工程质量评价框架体系

1. 框架体系划分的根据。

（1）这六个部分（评价单元）因为每个部分是比较单独的，基本是以分部、子分部工程划分，是可以分开管理的，其每个评价单元的评价内容也大致是一样的，方便管理。

（2）每个评价单元的施工单位也可以是单独的单位，可以由不同施工单位来完成其建设任务。

（3）其专业技术也比较集中，施工方案、技术要求、质量指标比较接近。

（4）其工程造价、预算能划开，单独编制，审核管理。

（5）其技术资料可以分别整理，既便于管理，也便于核查。

2. 地基与桩基工程。这部分的划分与通常地基与基础不同，与《建筑地基基础工程施工质量验收规范》GB 50202—2002 的内容范围也不同，但与《建筑工程施工质量验收统一标准》GB 50300—2013 是一致的，主要是为了便于管理。对一般建筑工程而言，最常用的是自然地基、人工地基和桩基础工程以及地下室和地下防水工程。这些工作内容也多由专业施工企业来完成。将这部分内容单独列为一个评价单元便于操作。将条形基础、伐式基础等整体基础工程，包括砌体、钢筋混凝土、钢结构等基础，不论其施工技术还是施工单位多数是与结构工程一致的，故将其划到结构工程部分去。所以，地基与桩基工程只包括自然地基、人工地基及桩基工程的内容。

3. 主体结构工程。这部分的划分也与通常的结构工程不一致，与现行国家标准《建筑工程施工质量验收统一标准》GB 50300、《砌体工程施工质量验收规范》GB 50203、《混凝土结构工程施工质量验收规范》GB 50204、《钢结构工程施工质量验收规范》GB 50205 等不同。优良评价标准是将地基（自然地基、人工地基、桩基）以外的部分全部列入主体结构工程，包括地基的垫层、桩基承台、地下结构基础同结构工程内容是一致的，框架、结构块材砌筑及钢筋混凝土预制的墙板安装的填充墙等内容。

主体结构工程的砌体工程、混凝土结构工程、钢结构工程是单独分开，单独进行评价的。其他结构工程，如木结构工程、钢管混凝土结构工程、铝合金结构工程等由于目前用得较少，没有列出。如实际工程中有可由施工、监理共同研究增加。

4. 屋面工程。这部分内容变化不大，基本与《屋面工程质量验收规范》相一致。

5. 装饰装修工程包括《建筑地面工程施工质量验收规范》和《建筑装饰装修工程质量验收规范》，比质量验收规范更统一，管理更方便。

6. 安装工程与质量验收规范一致，包括《建筑给水排水及供暖工程施工质量验收规范》、《通风与空调工程施工质量验收规范》、《建筑电气工程施工质量验收规范》、《电梯工程施工质量验收规范》、《智能建筑工程质量验收规范》及燃气工程质量验收等。安装工程虽然包括六部分内容，但其评价却是单独分开的，单独进行评价，各系统评价后，再汇总到一块，也是比较方便的。

这里要说明的一点是，质量验收规范中没有包括燃气安装工程的内容，由于这部分还没通用的验收规范，而评价标准不完整，优良评价标准将这部分内容参照有关燃气工程的规范、标准推荐了参考表格及内容，这是本评价系统一个应该说明的问题。

7. 建筑节能工程基本与《建筑节能工程施工质量验收规范》GB 50411 一致，由于其具体内容都分布在各专业质量验收分部工程中，自身没有实体工程内容，其核查根据其他分部、子分部工程的质量验收的资料，参照有关分部、子分部工程的内容来核查，并形成有关评价项目的表格。

二、评价部位的权重

为了能用数据来相对定量的评价一个工程的质量水平，我们使用了权重的方法。即在框架体系中，将每个评价部位在整个工程中所占工作量大小及重要程度给出相应的权重。评价部位的权重，见表 2-1。

工程评价部分权重 表 2-1

工程评价部分	权重(%)
地基与基础工程	10
主体结构工程	40
屋面工程	5
装饰装修工程	15
安装工程	20
建筑节能工程	10

注：1. 主体结构、安装工程有多项内容时，其权重可按实际工作量分配，但应为整数。
2. 主体结构中的砌体工程若是填充墙时，最多只占10%的权重。
3. 地基与基础工程中基础及地下室结构列入主体结构工程中评价。

在通常情况下，权重不必再调整。如确因工程特殊，某一部分工作量所占比重太悬殊时，可作适当调整，其调整方案必须在工程开工前，由建设单位、施工单位、监理单位共同确认，且其调整结果为整数，不出现小数，以方便计算。

三、评价项目

框架体系的各评价部分权重，即地基及桩基工程、主体结构工程、屋面工程、装饰装修工程、安装工程与建筑节能工程等的评价，根据其过程控制的特点及工程质量的要素，将每个评价部分又分为性能检测、质量记录、允许偏差、观感质量等四个评价项目来检查评价其质量水平。这样尽管有些评价部分的有关评价项目内容不一定全部等量，但各评价项目内容都有，在评价项目分值中可适当做些调整，即可做到比较公平合理。这样各评价部分的评价内容就基本相同了，使用起来比较方便，便于记忆，便于制订表格，也便于相互之间进行比较，以此来说明一个单位工程中哪方面的质量水平更好一些，便于有针对性地提出改进措施。

对每个评价部分的评价项目的分值，见表 2-2。

评价项目分值 **表 2-2**

序号	评价项目	地基与基础工程	主体结构工程	屋面工程	装饰装修工程	安装工程	节能工程
1	性能检测	40	40	40	30	40	40
2	质量记录	40	30	20	20	20	30
3	允许偏差	10	20	10	10	10	10
4	观感质量	10	10	30	40	30	20

注：用本标准各检查评分表检查评分后，将所得分换算为本表项目分值，再按规定换算为本书表 2-1 的权重。

第五节　评价项目的内容

每个评价部位有性能检测、质量记录、允许偏差和观感质量等四项评价项目。而每个评价项目都列出了范围及项目，明确了评价的内容，只要抓住重点，正确掌握，是可以评价出工程质量的水平的。正常情况下不必增加或减少项目，工程中有的就检查，没有的项目就不查。对一些少数项目的具体内容差别较大时，可在实际使用中根据工程的具体情况来酌情增减。每个项目的具体情况如下：

一、性能检测

1. 性能检测的重要性。工程质量的评价历来是重过程控制，重技术资料的佐证，但对工程性能，特别是综合性能的检测，在现行国家标准《建筑工程施工质量验收统一标准》GB 50300 及其配套的工程质量验收规范编制中，为了强调结构工程质量及使用功能质量，规范编制组以分部工程、子分部工程为主提出了工程性能检测项目，是工程完工后的检测，是施工的结果质量，是分部系统施工结果的质量，这就分别体现了工程的最终质量。

在《建筑工程施工质量评价标准》中，在《建筑工程施工质量验收统一标准》GB 50300 的附录 H. 0. 1-3 单位工程安全和功能检验资料核查及主要功能抽查记录及其配套有关专业工程分部、子分部质量验收规范的项目重点摘要抽取了一项或几项进行检测，作为抽查验证核查其检测数据。

这项内容是评优中的一项重点内容，是代表工程质量水平的主要指标。

性能检测也是质量记录的一部分重要内容，为了能更好地评价工程质量，将其单独列出进行评价，这部分内容既是技术资料，也是工程实体质量，更准确地说是用数据说明工程实体性能质量的。

2. 性能检测是抽查。在编制评价标准时，从现行国家标准《建筑工程施工质量验收统一标准》GB 50300 的附录 H. 0. 1-3“单位工程安全和功能检验资料核查及主要功能抽查记录”表中和各配套专业工程分部、子分部工程质量验收规范中，抽取的性能检测项目，汇总列出见表 2-3。性能检测项目共 60 项，包括了各自工程的内容，在实际工程性能项目检测中，一般只有 1/2 或 1/3 的项目。性能检测评价项目在各评价部分中的分配数值见表 2-2。

摘录的性能检测项目 **表 2-3**

项目	序号	性能检测项目
地基与基础	1	地基承载力
	2	复合地基承载力
	3	桩基单桩承载力及桩身质量检验
	4	地下渗漏水检验
	5	地基沉降观测
混凝土结构	1	结构实体混凝土强度
	2	结构实体钢筋保护层厚度
	3	结构实体位置与尺寸偏差
钢结构	1	焊缝内部质量
	2	高强度螺栓连接副紧固质量
	3	防腐涂装
	4	防火涂装
砌体结构	1	砂浆强度
	2	混凝土强度
	3	全高砌体垂直度

续表

项目	序号	性能检测项目
屋面	1	屋面防水效果检验
	2	保温层厚度测试
装饰装修	1	外窗三性检测
	2	外窗、门的安装牢固检验
	3	装饰吊挂件和预埋件检验或拉拔力试验
	4	阻燃材料的阻燃性试验
	5	幕墙的三性及平面变形性能试验
	6	幕墙金属框架与主体结构连接检测
	7	幕墙后置预埋件拉拔力试验
	8	外墙块材镶贴的粘结强度检测
	9	有防水要求房间地面蓄水试验
	10	室内环境质量检测
给水排水及供暖	1	给水管道系统通水试验，水质检测
	2	承压管道、消防管道设备系统水压试验
	3	非承压管道和设备灌水试验，排水干管管道通球试验，系统通水试验，卫生器具满水试验
	4	消火栓系统试射试验
	5	锅炉系统、供暖管道、散热器压力试验，系统调试、试运行，安全阀、报警装置联动系统测试
电气	1	接地装置、防雷装置的接地电阻测试及按（等电位）联结导通性测试
	2	剩余电流动作保护器测试
	3	照明全负荷试验
	4	大型灯具固定及悬吊装置过载测试
	5	电气设备空载试运行和负荷试运行试验
通风与空调	1	空调水管道系统水压试验
	2	通风管道严密性试验及风量、温度测试
	3	通风、除尘系统联合试运转与调试
	4	空调系统联合试运转与调试
	5	制冷系统联合试运转与调试
	6	净化空调系统联合试运转与调试，洁净室洁净度测试
	7	防排烟系统联合试运转与调试

续表

项目	序号	性能检测项目
电梯	1	电梯、自动扶梯、人行道电气装置接地、绝缘电阻测试
	2	电力驱动、液压电梯安全保护测试、性能运行试验
	3	自动扶梯、人行道自动停止运行测试、性能运行试验
	4	电力驱动电梯限速器安全钳联动试验，电梯层门与轿门试验
	5	液压电梯限速器安全钳联动试验，电梯层门与轿门试验
	6	自动扶梯、人行道性能试验
智能建筑	1	接地电阻测试
	2	系统检测（根据设计，按系统分别检测）
	3	系统集成检测（根据设计，按集成系统分别检测）
燃气工程	1	燃气管道强度、严密性试验
	2	燃气浓度检测报警器、自动切断阀和通风设施试验
	3	采暖、制冷、灶具熄火保护装置和排烟设施试验
	4	防雷、防静电接地检测
建筑节能	1	外墙围护结构实体检验
	2	外窗气密性现场实体检验
	3	建筑设备工程系统节能性能检验

二、质量记录

1. 质量记录的作用。工程建设质量的有关文件资料是记录施工过程质量情况的，在不便于完工后全面检测的工程中，资料就是工程质量的一部分，是佐证工程质量情况的。

2. 质量记录是抽查。其中主要列出三大部分：

（1）材料、构配件、设备的合格证、进场验收记录及按规定抽样复试记录。是主要材料、构配件及设备。是抽查不是全面检查。

（2）施工过程的施工工作情况记录，来记录见证其操作、程序、环境、材料使用的实际情况，以便判定是否正确施工。尤其是一些新工艺、新材料施工、特殊情况风雨天气、夜间施工，以及一些施工过程将前道工序隐蔽，不便再检查的部位等，做好施工记录十分重要。

（3）施工试验记录和一些多种成分组成材料的配合比试验单，如混凝土配合比、砂浆配合比、三七灰土、喷浆液配合比等、钢筋连接、钢筋网片焊接效果试验报告及螺栓实物最小荷载试验、扭剪型高强螺栓连接副预拉力复试、高强度螺栓连接副施工扭矩试验、高强度大六角头螺栓连接副扭矩系数复试等，是施工过程的必要检验检测，来说明施工过程的正确性、工程材料、构件等的性能是达到质量要求的，如混凝土、砂浆强度的验收评定等。

另外，主要的一些工程性能检测记录，也是质量记录，而且是重要的质量记录部分，已经将其单独列为工程的性能检测，作为重点进行检查。质量记录评价项目在各评价部分中的分配数值见表2-2。

三、允许偏差

1. 允许偏差的作用。工程施工操作的尺寸准确程度，在规范中多数是用允许偏值或限值来表示的，这是表明操作的精度、操作的水平。在工程建设中各构件的轴线位移、标高、构件尺寸等大小、长短、高低、前后、左右的位置、大小、关系都是用尺寸来表示的。施工操作中，由于工具、操作方法、材料、操作水平等因素，不能做到与设计尺寸完全一致，其与设计值的误差显示了施工过程的操作精度。所以，评价标准在质量验收的基础上，选择一些有代表性的允许偏差值作为评价的指标，来评价施工操作的技术水平、管理水平、操作精度。

2. 允许偏差是抽查。这里要说明的是，这些数值只是质量验收规范中的一部分，只是一种抽查性质的。抽查的允许偏差项目多数是便于检查的部分，有的已隐蔽部分已查不到了，或不方便检查。工程质量的验收要按验收规范规定的全部允许偏差项目验收。通常不再增加项目，实际工程中有的就检查，没有的不查。允许偏差项目在各评价部分中的分配数值见表2-2。

四、观感质量

1. 观感质量的重要性。在多数工业产品中，除了其功能、安全的要求用数据等说明外，都有一个外在质量，建筑工程也是产品，通常称为艺术品之一，其外观外在质量不可忽视，是一个很重要的方面。

在通常的产品检查时，在国际上通用 02 表检查方法。即重点检查两个方面，一是检查通过检查测试得到的科学数据，说明其安全、功能的水平，达到设计要求的程度；二是通过专家的专业知识和结合当前行业发展的技术水平，用身体的器官体验，如看、摸、听等，通过本身的实践经验和技术、专业知识按照标准要求，对工程外观的色彩、布置、尺度比例的协调，尺寸偏差、线条、楞角的顺直，高差、平整、线缝均匀一致协调等，一些饰物、饰面的牢固性、设备、设施器具的位置正确性、使用的方便性，以及一些能看到摸到和感觉到的影响工程使用、观感等项目的质量情况，来判定工程质量的相关水平，给出一个综合性的评价。

2. 观感质量的检查。在工程质量观感质量检查中，不只是外观质量，有些可操作的地方还可以操作一下，如门窗的开启、关闭、阀门的开关、电源简单器具设备的开启使用等，来综合判定。

为了能量化评价工程质量，优良评价标准将每一个项目的观感质量分点检查，将每个点的质量分为“好”、“一般”二个个等级，然后再按标准规定的二个档次来判定，并给出判定的数据。观感质量点的质量等级在验收规范中分为“好”、“一般”、“差”三个等级。而在评价标准中不能存在“差”的质量等级，出现“差”的应返工、修理到一般，否则不能评优良。观感质量评价项目在各评价部分中的分配数值见表 2-2。

五、评价项目值的确定

对于每项评价项目，按照其在该工程部位、系统内所占的工作量大小及重要程度，按照整体为 100 分的基数，将各项评价项目的评价结果给予量化。这种量化是一个大致的数据，且不要划分到小数。所以，按分配数值评价，通常情况下，不必再变动。具体分配数值见表 2-2。

六、评价项目的检查评分

每个评价项目包括若干项具体的检查内容，对每个具体的检查内容给出标准分值（也是一个权重值），每项按其内容达到标准的程度，其判定结果分为一、二两个档次。一档为满分，即全部达到标准，在各项目检查标准中，都给出了规定，其规定全部达到，取100%的标准分值。二档为合格，在各项目检查标准中，也都做了规定，各项指标达到的程度，做不到全部达到标准，还有一些轻微缺陷，但不影响质量指标的安全、使用功能及重要外观质量，属于总体上基本达到了标准规定，就是达到现行国家标准《建筑工程施工质量验收统一标准》GB 50300 及其专业配套的质量验收规范的基本规定，取 70%的标准分值。

在各项目中的具体检查内容评出档次后，将实得分值与应得分值之比，换算为该评价项目的权重。如装饰装修工程质量记录检查评价项目，包括：材料合格证、进场验收记录及复试报告、施工记录及施工试验三部分，每个部分又包括若干个检查内容。

下面举例说明控制的过程。装饰装修工程的质量记录项目：

1. 材料合格证、进场验收记录及要求复试的复试报告包括：

（1）装饰装修、地面、门窗、保温、阻燃防火材料合格证及进场验收记录；保温、阻燃材料复试报告；这项是房屋外装饰、房屋内装饰、顶、墙、地、门窗及保温材料、防火材料的进场验收及复试资料；表中列出的材料项目有什么材料就按什么材料核查。

（2）幕墙的玻璃、石材、板材、结构材料合格证及进场验收记录；这项是幕墙的材料及幕墙结构材料的进场验收，没有幕墙的可以不检查。

（3）有环境质量要求材料的合格证、进场验收记录及复试报告。这项是有环保要求的材料进场验收及复试资料。有什么项目就按什么材料检查。

有这三项，大量的材料就控制住了。通常不必要再增加项目，因为是抽查。如设计有要求时，可按设计要求，由建设、监理和施工单位共同研究商定。

2. 施工记录包括：

（1）幕墙、外墙饰面板（砖）、预埋件及粘贴施工记录；这是幕墙、外墙面装饰的施工记录。这项是房屋外围护结构项目。幕墙、屋面、墙面及连接室外的地面，有保温要求的，施工记录一定要说明材料、厚度、配合比等与保温有关的内容。既可用于装饰工程的施工记录，也可用于建筑节能工程的施工记录。以及有节能要求的建筑设备安装项目的施工记录，也可共同使用。

（2）门窗、吊顶、隔墙、地面、饰面砖（板）施工记录。这项是内饰面施工的施工记录。

（3）抹灰、涂饰施工记录。房屋内外抹灰、涂饰施工记录。涂料、抹灰的基面清除、抹灰层、涂层的厚度、遍数，粘结牢固等，如有环保要求的，应记录其内容。

（4）隐蔽验收记录。幕墙预埋件与主体机构连接件，外墙保温层固定、扶手、栏杆预埋件等细部构造部分等有关安全、节能、环保要求等，规范有要求的隐蔽工程验收记录。合格验收时已全部检查，优良工程评价时按照施工及监理认可的验收资料进行评价核查即可。

3. 施工试验包括：

（1）有防水要求房间地面蓄水试验记录，主要有卫生间、厕浴间、厨房间以及有防水要求的试验室等，都应有蓄水试验记录。

（2）结构胶相容性试验报告、幕墙工程的材料测试报告，合格才能用上工程。

（3）有关胶料配合比试验单。包括各种胶粘剂，外墙保温层胶粘剂等胶料的合格证。

按表将每项具体检查内容，根据其资料的数量及资料中的数据结论，能达到的完整程度，按规定进行判定，按判定结果给出一个档次，即100%的标准分值或70%的标准分值。先将各检查项目按判定档次计算判定得分后，再按三项内容分别汇总，求得每项的实得分，并计算出项目得分，见表2-4。

判定质量记录的方法是三个步骤。材料合格、进场验收记录及复试报告、施工记录和施工试验等。

第一步：检查该有的项目有了。按表2-4所列的检查项目，每个检查项目依次检查，这个工程中没有的项目不查。先把该有的检查项目确定了。材料合格证、进场验收记录及复试报告中有三项，一些工程没有幕墙就只有两项了。如果有环境质量要求的材料也没有，就只有一项了。

第二步：项目中该有的资料有了。依次核查每个已确定项目中的资料是否能满足这个项目的核定要求，即资料数量。装饰装修、门窗、地面、保温阻燃防火材料。规范要求有合格证的合格证是否有了，装饰装修材料可按主要项目列出来。同类合格证、代表材料的数量能达到工程使用材料的数量相一致。进场验收记录代表的数量也能达到使用材料的数量。

保温、阻燃材料要求复试的复试报告代表的数量能达到使用材料的数量。

各种材料都有合格证，其数量能满足工程使用材料的数量。

第三步：资料中该有的数据和结论有了。资料中的数据和结论符合规范规定和设计要求。才能判定资料是有效的资料，否则即为不认可的资料。

这就是核查工程技术资料的基本步骤。或倒过来审查：第一步查每份资料是否是有效的，其该有的数据与结论是否符合规范规定和设计要求的；第二步核查，同类合格证、进场验收记录、复试报告所代表材料的数量能否满足该工程的使用量；第三步是表中该有的项目是否都得到检查。

凡是材料、施工记录、施工试验资料等都应这样审查和判定。

第一项为材料合格证、进场验收记录及复试报告，三项具体检查内容全有，各项得出判定结果后汇总。如三项内容都有并都满足要求，其判定结果，即该项目的实得分，同应得分，填入实得分栏内。如三项中只有一项或两项时，只检查这一项或两项，其判定结果的分也是该项的实得分。如三项内容都有，其中任一项有一些缺陷，只能基本满足规范规定和设计要求的，其实得分即为应得分的 70％。

第二项施工记录四项具体内容都有，也同样计算得分。只要有一项有一些缺陷，只能满足基本规定和设计要求，第二项施工记录应得分为 70％。

第三项施工试验，三项内容都有也是将有的三项分别判定填入结果判定结果栏内。然后将 100％或 70％的应得分填入实得分栏内，即为该项的实得分。

项目中只要有一项是达到基本满足规范规定或设计要求，其得分则为 70%的应得分。

下面将表 2-4 填写好，举例说明。

装饰装修工程质量记录项目及评分表　　　　表 2-4

<table>
<tr><td colspan="2">工程名称</td><td>××××</td><td colspan="2">建设单位</td><td colspan="4">××××</td></tr>
<tr><td colspan="2">施工单位</td><td>××××</td><td colspan="2">评价单位</td><td colspan="4">××××</td></tr>
<tr><td rowspan="2">序号</td><td colspan="2" rowspan="2">检查项目</td><td rowspan="2">应得分</td><td colspan="2">判定结果</td><td rowspan="2">实得分</td><td rowspan="2">备注</td></tr>
<tr><td>100%</td><td>70%</td></tr>
<tr><td rowspan="3">1</td><td rowspan="3">材料合格证、进场验收记录及复试报告</td><td>装饰装修、门窗、地面、保温、阻燃防火材料合格证及进场验收记录，保温、阻燃材料复试报告</td><td rowspan="3">30</td><td rowspan="3">30</td><td rowspan="3"></td><td rowspan="3">30</td><td rowspan="3">幕墙，有环境质量要求的项目没有</td></tr>
<tr><td>幕墙的玻璃、石材、板材、结构材料合格证及进场验收记录</td></tr>
<tr><td>有环境质量要求材料合格证、进场验收记录及复试报告</td></tr>
<tr><td rowspan="4">2</td><td rowspan="4">施工记录</td><td>幕墙、外墙饰面砖（板）、预埋件及粘贴施工记录</td><td rowspan="4">30</td><td rowspan="4"></td><td rowspan="4">21</td><td rowspan="4">21</td><td rowspan="4">幕墙没有，门窗、吊顶施工记录内容太简单</td></tr>
<tr><td>门窗、吊顶、隔墙、地面、饰面砖（板）施工记录</td></tr>
<tr><td>抹灰、涂饰施工记录</td></tr>
<tr><td>隐蔽验收记录</td></tr>
<tr><td rowspan="3">3</td><td rowspan="3">施工试验</td><td>有防水要求房间地面坡度检验记录</td><td rowspan="3">40</td><td rowspan="3">40</td><td rowspan="3"></td><td rowspan="3">40</td><td rowspan="3">结构胶没有</td></tr>
<tr><td>结构胶相容性试验报告</td></tr>
<tr><td>有关胶料配合比试验单</td></tr>
<tr><td></td><td colspan="2">合计得分</td><td></td><td>70</td><td>21</td><td>91</td><td></td></tr>
<tr><td>核查结果</td><td colspan="7">质量记录项目分值 20 分。
应得分合计：100
实得分合计：91
$$装饰装修工程质量记录得分=\frac{实得分合计}{应得分合计}\times 20=0.91\times 20=18.2$$
评价人员：××
2015 年 11 月 5 日</td></tr>
</table>

第一项材料合格证中幕墙和有环境质量要求材料的材料没有，只有一项，其建筑装饰、门窗、地面、保温、阻燃防火材料合格证及进场验收记录完整，符合规范和设计要求，判定结果为30分；第二项施工记录四项。第一项幕墙施工记录没有，外墙饰面砖（板）、预埋件及粘贴施工记录有；第二项门窗、吊顶、隔墙、地面、饰面砖（板）都有施工记录；第三项抹灰涂饰施工记录也都有，能满足规范要求。第四项隐蔽验收记录，门窗框与墙体间缝隙填嵌缺施工记录，不能满足与门窗数量要求，有缺陷，第二项施工记录只能判定为70%，得分为21分；第三项施工试验，三项内容中幕墙没有，结构胶相容性试验报告也没有，只有两项都能满足规范规定和设计要求，判定结果40分。该实得分为91分。

七、评价的分阶段管理

建筑工程质量其特点是过程性控制突出，任何一个过程质量的好坏，都会影响到整个工程的质量，特别是在地基与基础及结构工程施工中更为突出。如果地基与基础工程质量不好，上部结构工程的质量再好，也会出质量事故，整个工程的质量也不能说好。所以，按照工程建设的特点将优良评价分为结构工程和单位工程两个阶段进行评价管理，是落实工程质量过程控制和突出结构质量的一项重要措施。

结构工程质量评价包括地基与桩基、主体结构是工程的骨架，工程的可靠度、安全性、使用年限均靠其保证。在这个阶段一定要求其工程的可靠度要得到保证，并对质量控制的措施严格检查，以便保证地基与桩基和结构质量达到设计要求的强度、刚度和整体稳定性，以及重要部件的垂直度、轴线、标高和空间尺寸，以保证其使用的基本空间要求。同时提出了匀质性的要求和性能检测及地下防水层检验和地基沉降观测的要求。故将这个阶段控制及质量评价单独列出，作为阶段性进行质量评价，并规定了评价内容，作为优良评价的前提，结构工程质量评价达不到优良的，单位工程不能评价优良。

单位工程质量评价是工程质量的全面评价，包括结构工程、装饰装修、屋面工程、安装工程及建筑节能工程等。单位工程质量优良评价是在结构工程质量评价的基础上进行整个工程的质量评价。

结构工程、单位工程优良质量的评价标准，评价总得分都应分别达到 85 分及其以上。

第六节　基本评价方法

评价标准是通过工程部位来评价的，将一个单位工程分为 6 个部分，即地基与基础工程、主体结构工程、屋面工程、装饰装修工程、安装工程和建筑节能工程。每个部位又根据工程建设质量的特点将从四个评价项目来评价。即：性能检测、质量记录、允许偏差和观感质量等。对这四个评价项目的评价，尽管各自有各自的要求，但共同的要求是基本的，故将其共同要求的东西，用基本评价方法表示出来。如在各评价项目评价中没有特殊的要求就按基本评价方法进行，如有特殊的要求，再说明其具体的评价方法，共同来评价有特殊要求的评价项目。

一、“性能检测”项目评价的基本方法

检查标准：检查项目的检测指标一次检测达到设计要求及规范规定的应为一档，取 100％的分值；按相关规范规定，经过处理后满足设计要求及规范规定的应为二档，取 70％的分值。

检查方法：核查性能检测报告。

工程质量性能检测是对工程实体质量的检测，在工程完工后进行的检测，这些检测数据是反映实体内在质量的，这些质量要求在设计文件中和工程质量验收规范中，都有明确的数据规定，是对工程质量最直接的检查，是判定工程的部位、构件、系统按设计要求施工，工程施工结果是否达到了设计要求和规范规定的最直接的数据，是施工必须达到的。

由于这个指标必须保证达到，不然工程质量就不能判定为合格。同时，由于这些指标是反映工程质量本质的，没有上下限可调整，如果将指标调高了就改变了设计的可靠度，如降低则降低了工程的可靠度，故通常是检测数据达到了设计要求就判为合格。在质量保证条件措施的控制下，施工过程技术措施好的，施工完成后一

次检测达到设计要求和规范规定的为符合要求，说明过程控制有效，就设定为一档，取100％的标准分值；由于施工过程技术措施不够好或控制不到位，经过处理（包括加固补强，修理、处理等）才达到设计要求和规范规定的应为二档，取70％的标准分值。

一次达到设计要求和规范规定，说明施工技术措施完善，有针对性，操作人员技术素质高，管理制度完善，是多、快、好、省的做法，是应大力提倡的。行业内这叫一次成活，一次成优是一个企业技术水平的体现。

因为这些指标不能调高或降低，将一次成活列为一档，经过加固补强等处理才达到设计要求和规范规定的列为二档。如果经过处理还达不到二档的整个工程不能评合格，更不能进行优良评价了。所以不论采取任何措施进行处理，都必须达到设计要求和规范规定。经过处理费时、费工、费料、经济效益不好，质量也不会好。是应避免出现的。

性能检测项目，检测的费用一般都较高，检测的程序也较繁杂，有些项目检测还会给工程质量或环境造成一定的损害，故在通常情况下不宜在一个工程上，同样的检测项目，做二次或更多次的检测。施工单位、监理单位最好能共同委托有资质的检测机构进行检测，尤其是优良评价的工程，在检测过程有关各方都参与进去，了解检测设备、方法、程序、取点等是否符合规范规定。通常不要另行再检测，在了解了检测是符合要求的，或相信监理单位旁站或验收结果的。评价是检查检测报告，其检测结果数据是否达到设计要求和规范规定。

性能检测项目评价只是抽查核验。不是将所有的规范规定的检测项目都查，所以，评价就抽查表列出的评价项目就行，不必再扩大。

二、“质量记录”项目评价的基本方法

检查标准：材料、设备合格证、进场验收记录及复试报告、施工记录及施工试验记录等资料完整，能满足设计要求及规范规定的应为一档，取100％的分值；资料基本完整并满足设计要求及规范规定的应为二档，取70％的分值。

检查方法：检查资料的项目、数量及数据内容。

质量记录是说明工程质量的重要佐证，是从工程技术资料中摘录出来的与工程质量直接有关的工程技术资料，命名为质量记录。又将质量记录分为三部分。

第一部分是材料、设备合格证（出厂质量证明书）、进场验收记录及复试报告，也包括构配件、成品、半成品在内。抽样复试检验试验资料，是说明工程使用的材料、设备是符合设计要求，是合格的产品用上工程，是保证工程质量的基础。检查其记录是核查质量保证措施执行的情况。

第二部分是施工记录，施工中的一些工序的做法、程序，对工程质量的影响较大，在施工验收规范中，对一些工序都提出了要做好施工记录的规定，如打（压）桩记录、混凝土浇灌记录等。这些资料可佐证施工过程中施工现场质保条件的落实情况，工程质量保证措施的针对性、有效性等，是说明工程质量的一个重要方面。在工程质量存在疑问的时候，可查阅施工记录来判定质量情况等。

第三部分是施工试验，是施工过程中，有关要求试验、检测、检查的记录和试验报告，配合比试验单等能有数据和检验结果的记录文件。这些是施工过程质量控制的重要记录和施工过程检查结果。

将这三部分作为质量记录进行检查，是工程质量抽查检查的重要内容，作为工程质量优良评价一项内容。

如何判定这些质量记录资料是否达到了要求，是一项比较复杂的事情，《建设工程质量管理条例》中规定，质量资料要完整，对完整的解释现在也没有一个标准的答案。故在这里按照一些通常的做法提出了判定的规定。就是对质量记录资料的项目、数量和资料质量进行检查和判定。

首先是对质量记录的项目进行检查判定；其次是对质量记录资料的数量检查判定；第三是对资料的质量进行检查判定。用“混凝土结构质量记录项目”为例。

一是核查材料合格证、进场验收记录及复试报告栏中检查项目有三项，由于工程是全现浇结构，没有第二项的预制构件，也没有第三项的预应力，只有第一项的钢筋、混凝土拌合物合格证、进场坍落度测试记录等和进场验收记录、钢筋复试报告、钢筋连接材料合格证及复试报告。

二是施工记录栏中，检查项目有五项，由于工程是全现浇结构，没有第三项装配式结构安装施工记录，没有第四项预应力安装、张拉及灌浆封锚施工记录。只有第一项预拌混凝土进场工作性能测试记录、第二项混凝土施工记录、第五项隐蔽工程验收记录。

三是施工试验栏中，检查项目有五项，第四项、第五项没有，只有第一项混凝土配合比试验报告、开盘鉴定报告、第二项混凝土试件强度试验报告及强度评定报告、第三项钢筋连接试验报告。

这叫该有的项目应该有的资料项目有了。

其次是资料数量检查判定。按有的项目每个项目逐项检查。检查应该有的资料项目中的主要资料是否有了。如材料合格证（出厂质量证明书）、进场验收记录。在钢筋工程中，都有合格证、进场验收记录和抽样检测报告，其受力钢筋的合格证、进场验收记录、抽样检测报告资料都有，其代表数量和工程中使用材料的数量相符，其中用于构造的钢筋没有出厂合格证，有抽样试验报告及进场验收记录，有监理工程师认可记录，其资料数量也算基本符合要求。其余该有项目的资料都符合要求。

这叫项目中应该有的资料都有了。

第三是判定资料的数据及结论，在资料中，包括合格证（出厂质量证明书）、抽样检验报告，其中有关材料性能的主要数据和结论是否达到设计要求及规范规定，如钢筋试验报告中的抗拉强度、屈服强度、伸长率、弯曲性能和重量偏差等力学性能试验是否符合规定；对抗震设防的框架结构，一、二、三级抗震等级设计的框架和斜撑构件的钢筋：（1）抗拉强度实测值与屈服强度实测值的比值不应小于1.25；（2）屈服强度实测值与强度标准值的比值不应大于1.3；（3）最大力下总伸率不应小于9%。

资料是真实的，内容填写正确，签章齐全，才能判定该项检测资料是有效的资料。

这叫资料中该有的数据和结论有了。

所以，对质量记录检查结果的判定，是资料完整。一是项目不缺，应该有的项目有了；二是资料不缺，项目中的主要资料有了，资料数量能满足覆盖使用的材料；三是资料中数据齐全，资料中的主要数据，检验结论符合要求，即判定为有效的资料。这叫资料中该有的数据结论有了。资料完整数据齐全是统一的，两者缺一不可，是两者同时达到要求，才能判定。并且跟在后边的“并能满足设计及规范要求，能保证结构安全和重要使用功能”一句话很重要。这就要求检查者要有一个宏观的判定能力，能判定材料、设备是符合设计要求的，用上工程能保证工程质量。

每项资料都应该这样判定。应该有的资料检查项目判定后，确定项目的判定结果。

举例：材料合格证项目，三项检查项目工程中没有预制构件、预应力，只有钢筋、混凝土拌合物材料一项，其合格证、进场验收记录，及钢筋复试记录、钢筋连接复试记录都符合设计要求和规范规定。其判定为一档 100％分值。即 30 分。

施工记录项目，五项检查项目工程中没有预应力，装配式结构二项，只有预拌混凝土进场工作性能测试、混凝土施工记录、隐蔽工程验收记录三项。经按上述程序检查，前二项都符合设计要求和规范规定，隐蔽工程验收记录内容不完整，有的内容记录不全，其判定为二档 70％分值，即 21 分。

施工试验项目，五项检查项目，工程中没有预应力、装配式结构二项，只有混凝土配合比、开盘鉴定报告、混凝土试件及强度评定、钢筋连接三项。经按上述程序检查，三项符合设计要求和规范规定。判定为一档，100％分值，即 40 分。材料合格证、施工记录、施工试验三项判定实得分结果为 91 分。

三、“允许偏差”项目评价的基本方法

检查标准：检查项目 90％及以上测点实测值达到规范规定值的应为一档，取 100％的分值；检查项目 80％及以上测点实测值达到规范规定值，但不足 90％的应为二档，取 70％的分值。

检查方法：在各相关检验批中，随机抽取 5 个检验批，不足 5 个的取全部进行核查。

在核查分部或子分部工程中，采取随机抽取的方法，抽取 5 个检验批，不足 5 个的全部抽取。将其中主要的项目或工程完工后在检查时还能看到的，及对使用、观感有影响的允许偏差项目的测量值按照评分表的项目摘录出来，进行检查判定。因为是抽查，表中没有的项目不核查。检查项目 90%及以上允许偏差实测值达到规范规定值的判为一档，100%的分值；若检查项目 80%及以上测点实测值达到规范规定值，但不足 90%的判为二档，70%的分值。

这个项目没有特殊情况，都是一致的。在标准中，已摘录出项目，不必再扩大，但应注意在抽取检验批及允许偏差项目时，就摘录这些项目就不够了，应随机，不要全挑好的，也不要全选差的，按能看到的，按表列的项目的抽取。必要时评价人员和施工人员共同抽取确定。如通风与空调就可以抽取送风口、排风口这些项目。

四、“观感质量”项目评价的基本方法

检查标准：每个检查项目以随机抽取的检查点按“好”、“一般”给出评价。项目检查点 90%及其以上达到“好”，其余检查点达到“一般”的应为一档，取 100%的分值；项目检查点 80%及其以上达到“好”，但不足 90%，其余检查点达到“一般”的应为二档，取 70%的分值。

检查方法：核查分部（子分部）工程质量验收资料。

1. 工程观感质量检查的重要性

建筑工程质量观感质量检查是对工程实体总体质量的一项全面检查，不只是表面质量。如工程的总体效果，包括内、外装饰装修的质量情况、质量问题；一些简单的操作功能，门窗的开启灵活、关闭严密，一些可动的设备，空调、风机、水泵、电气开关，智能系统的试运行；一些可见的工程部位，如吊顶内的管线布置、管井内的管道可见段、地沟内的管线等，可以打开检查；工程的细部质量可详细检查；有些项目还可借助简单的工具检查，如一些尺寸大小、垂直度、抹灰层的空鼓、一些吊挂件的固定牢固情况等；甚至工程出现不均匀沉降、裂缝、渗漏等质量问题等都可发现。建筑工程的观感质量还是影响城市景观、整体效果的要素。一个城市的风景建筑工程的形状、外观、细部的处理起着重大作用。观感质量对工程的使用功能、生活的舒适、安全、心情的影响都是重要的。所以，工程观感质量检查是一项工程实体质量整体的、宏观的全面检查，不仅是施工质量，有些设计上的问题也可反映出来。总之，工程的观感质量应该得到应有的重视。

2. 工程质量观感质量的检查注意事项

工程质量的观感质量检查方法很多，观感检查项目很多，检查标准又较难定量化，有的只能定性又无法定量，掌握起来较难，常常会受到检查人的情绪、专业技术水平，公正性等影响，所以观感质量检查时，检查人要有一定的专业素质，或经过培训的，要两人以上并要有一个主持人，掌握标准要以他的意见为主，确定评定等级。作为评定观感质量的主持人，也要尊重参加检查人员的意见，依据标准主持公道、公正，正确评价工程的观感质量。

工程观感质量检查标准由于项目多，不宜定量，但并不是无法检查，在进行工程观感质量检查要靠检查人员的技术水平，公正执行标准，严密的监督管理制度来判定其质量等级。所以，在制订优良评价标准时，参照《建筑工程施工质量验收统一标准》及其专业系列质量验收规范，将观感质量分为“好”“一般”“差”三个档次来评定。有“差”的项目，其不影响使用功能、安全的，可以通过合格验收。评价标准是评优良的标准。将抽查的观感质量的项目列出来，将每个观感检查项目的质量标准分为“好”“一般”二个档次，按检查点，分别评出各点质量等级。这个点的质量等级是一个综合性质量等级，是综合各方面的质量情况来评价的。出现差的点，应进行整改和返修达到“好”“一般”。因为这是优良工程。如地基及桩基工程观感质量，对天然地基而言，有标高、表面平整及边坡三个项目。一是检查地基的挖土后标高控制在人工±30mm，机械±50mm，宏观从整体挖土后的基底标高的情况，看其标高控制点及其他部位全部控制在偏差范围之内的情况后判定；二是表面平整，标高是控制基底平面的高度，表面平整是控制在标高高度的一致性，即检查表面平整情况，高差20～50mm，在观察后综合评价；三是边坡，重点是检查边坡的坡度符合不符合土质放坡情况要求，在正常情况下或在基础施工期内，会不会产生坍塌等，以及基槽周边有没有影响边坡安全的堆放物及排水措施不利等情况后判定。

这些情况可分点、段检查，也可全部检查后分别判定。

第三章　地基与基础工程质量评价内容介绍及举例

第一节　地基与基础工程性能检测

地基与基础工程性能检测是该工程的基本技术要求，代表了其质量的基本性能，这项性能达不到设计要求和规范规定，就不能判定地基与基础及整个工程为合格。所以，这些检测项目是工程施工控制必须达到的，检测结果用数据来说明工程质量的要求。

为了工程质量评价的方便，在评价划分上与现行国家标准《建筑工程施工质量验收统一标准》GB 50300—2013 取得一致，将地基与基础中的基础及地下室部分放入主体结构的混凝土工程、砌体工程、钢结构工程评定。地基与基础只有地基及桩基工程。

同时，将地下防水工程的性能检测及地基沉降观测项目列入地基与基础工程的性能检测中。

一、地基与基础工程性能检测项目的选择

地基桩基的性能检测指标项目较多，在质量合格验收中都按规范进行了检测，在评价优良工程时只是抽查。抽查的“地基与基础性能检测项目”见表 3-3。

1. 地基承载力。在天然地基、人工地基的性能检测中，抽取了地基承载力来代表其质量性能指标，用地基静载荷试验求得。其他性能指标还有地基变形和稳定性，以及地基软弱下卧层验算等，这些在合格验收中已按规范和设计要求进行了检查。

（1）对素土、灰土地基、砂和砂石地基、土工合成材料地基、粉煤灰地基、强夯地基、灌浆地基、预压地基等的检测有标贯、静力探触、十字板剪切强度，有的用承载力检验。由于不同地区不同做法，由设计单位来指定检验方法。我们这里推荐承载力方法。通过现场地基原位静荷载试验确定，只抽查承载力，地基强度不抽查。承载力是地基工程质量评价的主要项目。若用其他检测方法，按其检测结果判定，其检测结果必须达到规范规定和设计要求。

（2）处理后地基静荷载试验。用平板静荷载试验来确定处理后地基承压板应力，主要范围内土层的承载力和变形参数。同一土层参加统计的试验点不应少于 3 点，各试验实测值的极差不超过其平均值的 30%时，取该平均值作为处理地基的承载力特性值。在具体验收中，具体可依据设计要求和《建筑地基处理技术规范》JGJ 79 的有关规定判定。

2. 对水泥土搅拌桩复合地基、高压喷射注浆桩复合地基、砂桩地基、振冲桩复合地基、土和灰土挤密桩复合地基、水泥粉煤灰碎石桩复合地基、夯实水泥土桩复合地基等复合地基竣工结果检验，桩是主要施工对象，其复合承载力检验，按《建筑地基处理技术规范》JGJ 79 的有关规定，对散体材料复合地基增强体的密实度检验，有粘结强度复合地基增强体的强度及桩身完整性检验。复合地基承载力采用复合地基静载荷试验，以及单桩静载荷试验等，可按《建筑工程基桩检测技术规范》JGJ 106 的有关规定执行。评价优良工程抽取了复合地基承载力，用复合地基静载荷试验求得。

采用复合地基静载荷试验，检验数量不应少于总桩数的 1%，且每个单体建筑不应少于 3 点，其极差不超过平均值的 30%时，取其平均值为复合地基承载力特性值。

3. 对桩基的压力桩、灌注桩性能检测项目也较多。在合格验收已按规范规定和设计要求进行了检测。其项目主要有：单桩竖向抗压静载试验、单桩竖向抗拔静载试验、单桩水平静载试验、灌注桩的柱长、柱身混凝土强度、桩底沉渣厚度、桩身完整性、桩端持力层岩土性状及桩身质量检验等检测项目。其检测方法详见现行行业标准《建筑基桩检测技术规范》JGJ 106 的规定。评价标准选择抽取了单桩竖向承载力及桩身质量检验项目。

单桩竖向承载力采用静载荷试验的方法进行检验。检验桩数不应少于总桩数的1%，且不少于3根，当总桩数少于50根时，不应少于2根。

桩身质量检验可采用钻芯法，以及低应变法、高应变法、开挖法、声波穿透法等。检验数量：

(1) 设计等级为甲级，或地基条件复杂，成桩质量可靠性较低的灌注桩，检验数量不应少于总桩数的30%，且不应少于20根；其他桩不应少于总桩数的20%，且不应少于10根。

(2) 除符合上款规定外，每个柱下承台检测桩数不应少于1根。

(3) 大直径嵌岩灌注桩或设计等级为甲级的大直径灌注桩，应在(1)、(2)的检测桩数的范围内，按不少于总桩数10%比例采用声波透射法或钻芯法检测。

(4) 对施工质量有疑问的桩，局部地基条件出现异常的桩较多，或为了全面了解整个工程基桩的桩身完整性情况，必要时还可增加检测数量。主要是对静力压桩、成桩质量可靠性低的灌注桩。具体详见现行行业标准《建筑基桩检测技术规范》JGJ 106的规定。

二、地基、桩基性能检测项目判定

1. 按“性能检测”基本评价方法判定

检查标准：检查项目的检测指标一次检测达到设计要求及规范规定的应为一档，取100%的分值；按相关规范规定，经过处理后满足设计要求及规范规定的应为二档，取70%的分值。

检查方法：核查性能检测报告。

2. 地基性能检测采用处理后地基静载荷试验，试验荷载应不低于设计荷载的2倍。

每个单体工程不宜少于3点；大型工程应按单体工程的数量或划分面积确定检验点数。1000m^2以上工程，每100m^2至少应有1点；3000m^2以上工程，每300m^2至少应有1点，每一独立基础下至少应有1点；基槽每20延米应有一点。判定地基承载力一次检测达到设计要求和规范确定应为一档，取100％的分值；按相关规范规定，经过处理后满足设计要求和规范规定的应为二档，取70％的分值。

核查地基性能检测报告。

3. 复合地基性能检测采用复合地基静载荷试验，试验荷载应不低于设计荷载的2倍。试验点的数量不应少于总数的1％，且不少于3点。判定同上。

核查复合地基性能检测报告。

4. 桩基单桩承载力采用静载荷试验的方法进行检验。检验桩数不应少于总桩数的1％，且不少于3根。单桩竖向抗压承载力的特性值取值应按单桩竖向抗压极限承载力的50％取值。

单桩竖向抗压极限承载力。当参加算术平均的试验桩检测结果，极差不超过平均值的30％时，取其平均值为单桩抗压极限承载力；试验桩数小于3根或桩基承台下的桩数不大于3根，应取低值。

一次检测达到设计要求和规范规定，应为一档，取100％的分值；按相关规范规定，经过处理后满足设计要求和规范规定的应为二档，取70％的分值。

检查单桩竖向承载力检测报告。

5. 桩身质量检验，采用桩身完整性类别来判定。

桩身完整性检测可用钻芯法，以及低应变法、高应变法、声波透射法等检测方法，确定桩身完整性类别。桩身完整性类别见表3-1。

桩身完整性分类表 **表3-1**

桩身完整性类别	分类原则
Ⅰ类桩	桩身完整
Ⅱ类桩	桩身有轻微缺陷，不会影响桩身结构承载力的正常发挥
Ⅲ类桩	桩身有明显缺陷，对桩身结构承载力有影响
Ⅳ类桩	桩身存在严重缺陷

桩身质量检验一次检测结果为90%及其以上达到Ⅰ类桩，其余达到Ⅱ类桩时应为一档，取100%的分值；一次检测结果为80%及其以上，但不足90%达到Ⅰ类桩，其余达到Ⅱ类桩时应为二档，取70%的分值。

核查桩身质量检验报告。

桩身质量经核查，1级桩为84.2%，不足90%，其余桩达到二类桩，核定等级为二档。

6. 地下渗漏水检验。

按照现行国家标准《地下防水工程质量验收规范》GB 50208第3.0.1条地下工程防水等级标准的规定，分为一、二、三、四级4个等级，房屋工程只有一、二两个等级，见表3-2。

地下工程防水等级标准 **表3-2**

防水等级	防水标准
一级	不允许渗水，结构表面无湿渍
二级	不允许漏水，结构表面可有少量湿渍； 房屋建筑地下工程：总湿渍面积不应大于总防水面积（包括顶板、墙面、地面）的1/1000；任意$100m^2$防水面积上的湿渍不超过2处，单个湿渍的最大面积不大于$0.1m^2$； 其他地下工程：总湿渍面积不应大于总防水面积的2/1000；任意$100m^2$防水面积上的湿渍不超过3处，单个湿渍的最大面积不大于$0.2m^2$；其中，隧道工程平均渗水量不大于$0.05L/(m^2 \cdot d)$，任意$100m^2$防水面积上的渗水量不大于$0.15L/(m^2 \cdot d)$
三级	有少量漏水点，不得有线流和漏泥沙； 任意$100m^2$防水面积上的漏水或湿渍点数不超过7处，单个漏水点的最大漏水量不大于2.5L/d，单个湿渍的最大面积不大于$0.3m^2$
四级	有漏水点，不得有线流和漏泥沙； 整个工程平均漏水量不大于$2L/(m^2 \cdot d)$；任意$100m^2$防水面积上的平均漏水量不大于$4L/(m^2 \cdot d)$

无渗水、结构表面无湿渍的应为一档，取100%的分值；无漏水，结构表面可有少量湿渍，总湿渍面积不大于总防水面积（包括墙、顶、地面）1/1000，任意$100m^2$防水面积上的湿渍不超过2处，每处面积不大于$0.1m^2$的应为二档，取70%的分值。

核查地下渗漏水检验记录，也可现场观察检查。

7. 地基沉降观测。

按照现行国家标准《建筑地基基础设计规范》GB 50007 第 10.3.8 条，建筑物沉降变形观测的规定。

下列建筑物应在施工期间及使用期间进行沉降变形观测：

（1）地基基础设计等级为甲级建筑物。

（2）软弱地基上的地基基础设计等级为乙级建筑物。

（3）处理地基上的建筑物。

（4）加层、扩建建筑物。

（5）受邻近深基坑开挖施工影响或受场地地下水等环境因素变化影响的建筑物。

（6）采用新型基础或新型结构的建筑物。

以及需要积累建筑物沉降经验或进行设计反分析的工程，应进行建筑物沉降观测和基础反力监测。沉降观测宜同时设分层沉降监测点。

具体按设计文件规定进行。

要求进行沉降变形观测的工程，按设计要求设置沉降观测点，记录完整，各观测点沉降值符合设计要求的应为一档，取 100%的分值；施工期间观测点设置滞后或不够完整，各观测点沉降值符合设计要求的应为二档，取 70%的分值。

沉降观测点设置符合设计要求为一档，取 100%的分值。

核查沉降观测记录。

三、将各项性能检测项目核查结果，填入“地基与基础工程性能检测项目及评分表”表 3-3，计算求得该性能检测项目的得分。

如：某项目为灌注桩工程，单桩竖向承载力达到规范规定，桩身质量一类桩达到 85%，达不到 90%，其余为二类桩，判为二档，取 70%分值，即 42 分；地下防水检测无发现渗漏水，也无湿渍，为一档，取 100%分值，即 20 分；沉降观测，测点设置符合设计要求，各点观测值次数及沉降值符合设计要求（至竣工验收），判为一档，取 100%的分值，即 20 分。填入表 3-3 进行评定。

地基与基础工程性能检测项目及评分表　　表 3-3

<table>
<tr><td>工程名称</td><td colspan="2">××××</td><td colspan="2">建设单位</td><td colspan="2">××××</td></tr>
<tr><td>施工单位</td><td colspan="2">××××</td><td colspan="2">评价单位</td><td colspan="2">××××</td></tr>
<tr><td rowspan="2">序号</td><td rowspan="2">检查项目</td><td rowspan="2">应得分</td><td colspan="2">判定结果</td><td rowspan="2">实得分</td><td rowspan="2">备注</td></tr>
<tr><td>100%</td><td>70%</td></tr>
<tr><td rowspan="3">1</td><td>地基承载力</td><td rowspan="3">60</td><td rowspan="3"></td><td rowspan="3">42</td><td rowspan="3">42</td><td rowspan="3">桩身质量达不到一档</td></tr>
<tr><td>复合地基承载力</td></tr>
<tr><td>桩基单桩承载力及桩身质量检验</td></tr>
<tr><td>2</td><td>地下渗漏水检验</td><td>20</td><td>20</td><td></td><td>20</td><td></td></tr>
<tr><td>3</td><td>地基沉降观测</td><td>20</td><td>20</td><td></td><td>20</td><td></td></tr>
<tr><td></td><td>合计得分</td><td>100</td><td>40</td><td>42</td><td>82</td><td></td></tr>
<tr><td>核查结果</td><td colspan="6">性能检测项目分值 40 分。
应得分合计：100
实得分合计：82
地基与基础工程性能检测得分 $=\frac{\text{实得分合计}}{\text{应得分合计}}\times 40=\frac{82}{100}\times 40=32.8$ 分
评价人员：×××　　2015 年 12 月 8 日</td></tr>
</table>

第二节　地基与基础工程质量记录

一、质量记录项目选择

1. 本标准选定了材料合格证、进场验收记录及复试报告、施工记录、施工试验三项，并列出了具体内容，见表 3-4。在通常情况下，就查这些项目就行了，设计有要求时，或工程内容有大的变化时，可以由施工单位与监理单位在评价前研究确定。

2. 本表中列出三个项目，若有的项目没有时，即不核查，但各项目的应得分不变，都为 30、30、40 分。见表 3-4。

二、质量记录判定

1. 按“质量记录”基本评价方法判定。

检查标准：材料、设备合格证、进场验收记录及复试报告、施工记录及施工试验等资料完整，能满足设计要求及规范规定的应为一档，取100%的分值；资料基本完整并能满足设计及规范要求的应为二档，取70%的分值。

检查方法：核查资料的项目、数量及数据内容。

2. 按表列出的项目核查，没有的项目可不查，各项目资料完整，能满足设计要求及规范规定的判为一档，取100%的分值。

3. 若各项目有一项只能达到基本完整的，并能满足设计要求及规范规定的判为二档，取70%的分值。

三、将各项质量记录项目核查结果，填入“地基与基础工程质量记录项目及评分表”表3-4计算求得该质量记录项目得分。

如：某项目为灌注桩地基工程。

1. 材料合格证、进场验收记录及复试报告栏。

（1）钢筋合格证、进场验收记录、复试报告符合设计要求，混凝土进场坍落度试验记录符合要求。水泥、外加剂没有项目。

（2）预制桩项目没有。

（3）防水材料为改性沥青卷材，合格证、进场验收记录及复试报告均符合要求。材料应判为一档，取100%的分值，即30分。

2. 施工记录栏。

（1）地基处理、验槽、钎探项目没有。

（2）接桩及试桩没有项目。

（3）灌注桩、成孔施工记录。钢筋笼质量及放入桩孔施工记录、混凝土浇筑施工记录符合施工方案要求。

（4）防水层卷材铺贴施工记录及防水层、保护层隐蔽检查记录符合要求，施工记录应判为一档，取100%的分值，即30分。

3. 施工试验栏。

（1）混凝土配合比、开盘鉴定报告符合设计要求和规范规定；

（2）钢筋连接试验报告符合要求；

（3）混凝土试件试验报告及强度评定报告符合要求；

（4）预制桩无项目；

（5）防水粘结剂配合比报告代表性不够，防水层施工记录基本符合要求，应判为二档，取70%的分值，即28分。

将检测结果填入表3-4进行评定。

地基与基础工程质量记录项目及评分表 **表 3-4**

<table>
<tr><td colspan="2">工程名称</td><td>××××</td><td colspan="2">建设单位</td><td colspan="3">××××</td></tr>
<tr><td colspan="2">施工单位</td><td>××××</td><td colspan="2">评价单位</td><td colspan="3">××××</td></tr>
<tr><td rowspan="2">序号</td><td rowspan="2" colspan="2">检查项目</td><td rowspan="2">应得分</td><td colspan="2">判定结果</td><td rowspan="2">实得分</td><td rowspan="2">备注</td></tr>
<tr><td>100%</td><td>70%</td></tr>
<tr><td rowspan="3">1</td><td rowspan="3">材料合格证、进场验收记录及复试报告</td><td>钢筋、水泥、外加剂合格证、进场验收记录及复试报告，混凝土进场坍落度测试记录</td><td rowspan="3">30</td><td rowspan="3">30</td><td rowspan="3"></td><td rowspan="3">30</td><td rowspan="12">预制桩、地基项目没有资料不必核查，防水材料配合比不全</td></tr>
<tr><td>预制桩合格证及进场验收记录、桩强度试验报告</td></tr>
<tr><td>防水材料合格证、进场验收记录及复试报告</td></tr>
<tr><td rowspan="4">2</td><td rowspan="4">施工记录</td><td>地基处理、验槽、钎探施工记录</td><td rowspan="4">30</td><td rowspan="4">30</td><td rowspan="4"></td><td rowspan="4">30</td></tr>
<tr><td>预制桩接头施工记录
打(压)桩及试桩施工记录</td></tr>
<tr><td>灌注桩成孔、钢筋笼、混凝土灌注桩浇筑施工记录</td></tr>
<tr><td>防水层施工记录及隐蔽工程验收记录</td></tr>
<tr><td rowspan="5">3</td><td rowspan="5">施工试验</td><td>有关地基材料配合比试验报告
压实系数、桩体及桩间土干密度试验报告</td><td rowspan="5">40</td><td rowspan="5"></td><td rowspan="5">28</td><td rowspan="5">28</td></tr>
<tr><td>钢筋连接试验报告</td></tr>
<tr><td>混凝土试件强度评定报告</td></tr>
<tr><td>预制桩龄期及试件强度试验报告</td></tr>
<tr><td>防水材料配合比试验报告</td></tr>
<tr><td></td><td colspan="2">合计得分</td><td>100</td><td>60</td><td>28</td><td>88</td><td></td></tr>
<tr><td>检查结果</td><td colspan="7">质量记录项目分值 40 分。
应得分合计：100
实得分合计：88
地基与基础工程质量记录得分$=\frac{\text{实得分合计}}{\text{应得分合计}}\times 40=\frac{88}{100}\times 40=35.2$分
评价人员：××× 2015 年 12 月 8 日</td></tr>
</table>

第三节 地基与基础工程允许偏差

一、允许偏差项目选择

1. 允许偏差项目是抽查，在地基、复合地基、打（压）桩及灌注桩各项目允许偏差项目中抽查对质量比较重要的，完工后能查到的部分允许偏差。允许偏差项目表 3-5 已列出抽查项目，这样核查结果有较好的可比性。如果没有设计的专门要求，就按表中项目核查就行了。设计有要求或工程内容有大的变化时，施工、监理可协商在评价前共同商定核查项目。

2. 表中没有的项目通常不核查。如表中有工程中没有发生的项目也不核查，但表 3-5 中各项目的应得分不变，仍为 80、20 分。

二、允许偏差项目判定

1. 本工程为灌注桩项目、地下防水为外墙面卷材防水层，地基、复合地基及打（压）桩的允许偏差项目没有。

按“允许偏差”基本评价方法判定。

检查标准：检查项目 90%及以上的允许偏差测点实测值达到规范规定值的应为一档，取 100%的分值；检查项目 80%及以上测点实测值达到规范规定值，但不足 90%的应为二档，取 70%的分值。

检查方法：在各相关检验批中，随机抽取 5 个检验批，不足 5 个的取全部进行核查。

2. 桩位允许偏差

（1）按标准灌注桩只核查平面桩位偏差。本工程的灌注桩为钢套管护壁，桩径为 1400mm。按规范的规定，群桩边桩桩位允许偏差为 $D/6$，且不大于 100mm；中间桩桩位允许偏差为 $D/4$，且不大于 200mm；工程共有 496 根桩，边桩 116 根，中间桩 380 根。

（2）边桩最大偏差标准，$D/6=233$mm，按 100mm 控制。116 根边桩经检查其检验批验收记录，最大一个偏差为 87mm，多数为 30～65mm，最小的为 15mm，平均 38.4mm。

（3）中间桩最大桩位偏差 $D/4=350$mm，按 200mm 控制，380 根中间桩经检查其检验批验收记录最大偏差为 120mm，多数为 60～90mm，平均 80.1mm。

灌注桩桩位偏差都在允许偏差限值之内，判为一档，取 100%分值。

3. 防水卷材搭接宽度允许偏差

本工程防水选用卷材防水层，其卷材搭接宽度的允许偏差为

—10mm。经检查其检验批验收记录，其卷材为高聚物改性沥青卷材，搭接为上层卷材盖过下层卷材，搭接宽度 150mm。其验收搭接偏差均小于—10mm。判为一档，取 100%的分值。

三、将各项允许偏差核查结果，填入“地基与基础工程允许偏差项目及评分表”表 3-5，计算求得该允许偏差项目的得分。

地基与基础工程允许偏差项目及评分表　　　　表 3-5

<table>
<tr><td colspan="2">工程名称</td><td colspan="2">××××</td><td colspan="2">建设单位</td><td>××××</td></tr>
<tr><td colspan="2">施工单位</td><td colspan="2">××××</td><td colspan="2">评价单位</td><td>××××</td></tr>
<tr><td rowspan="2">序号</td><td rowspan="2">检　查　项　目</td><td rowspan="2">应得分</td><td colspan="2">判定结果</td><td rowspan="2">实得分</td><td rowspan="2">备注</td></tr>
<tr><td>100%</td><td>70%</td></tr>
<tr><td rowspan="4">1</td><td>天然地基标高及基槽尺寸偏差</td><td rowspan="4">80</td><td rowspan="4">80</td><td rowspan="4"></td><td rowspan="4">80</td><td rowspan="5"></td></tr>
<tr><td>复合地基桩位偏差</td></tr>
<tr><td>打(压)桩桩位偏差</td></tr>
<tr><td>灌注桩桩位偏差</td></tr>
<tr><td>2</td><td>防水卷材、塑料板搭接宽度偏差</td><td>20</td><td>20</td><td></td><td>20</td></tr>
<tr><td></td><td>合计得分</td><td>100</td><td>100</td><td></td><td>100</td><td></td></tr>
<tr><td>核查结果</td><td colspan="6">允许偏差项目分值 10 分。
应得分合计：100
实得分合计：100
地基与基础工程允许偏差得分＝$\frac{实得分合计}{应得分合计}\times10=\frac{100}{100}\times10=10$ 分
评价人员：×××　　　　2015 年 12 月 8 日</td></tr>
</table>

第四节　地基与基础工程观感质量

一、观感质量项目选择

工程观感质量是一个全面性的宏观检查项目。本标准在选择核查项目时，只将有关影响工程质量的、完工后能看到的重点核查项目列出。着重从这些项目核查。如有较大影响工程质量的施工安全的事项也应一并检查。

核查项目选择从地基、复合地基、桩基及地下防水分别列出，以方便每个项目的核查内容。这样核查结果有较好的可比性。具体项目评价见表3-6。

本工程只有灌注桩基，及地下防水层项目。

二、观感质量项目判定

1. 按“观感质量”基本评价方法判定

检查标准：每个检查项目以随机抽取的检查点按“好”、“一般”给出评价。项目检查点90%及其以上达到“好”，其余检查点达到“一般”的应为一档，取100%的分值；项目检查点80%及其以上达到“好”，但不足90%，其余检查点达到“一般”的应为二档，取70%的分值。

检查方法：核查分部（子分部）工程质量验收资料。

由于观感质量是定性检查项目，不好定量。由检查人员根据相应规范规定商量共同确定。有关质量验收规范按点、处、评出“好”、“一般”、“差”。本标准只有“好”、“一般”二个档次。按“好”的点数占的比例进行判定。根据分部工程验收记录进行核查。“好”的点达90%及其以上，其余点达到“一般”的为一档，取100%的分值；“好”的点达到80%及其以上不足90%，其余点达到“一般”的为二档，取70%的分值。评优良工程不应出现“差”的点，出现了应处理达到“一般”或“好”。

通常判定“好”、“一般”如下：

2. 地基、复合地基观感质量核查项目判定

（1）标高应参照土方开挖、回填的标高核查，包括大面积和复合地基的桩体、注浆桩以及加强体的要求，其标高允许偏差限制－20～－50mm，复合地基的桩体按设计要求。观感检查是宏观检查。基本应控制在允许偏差范围以内，不要偏差太大。而且规范规定控制在负偏差，以方便后续施工，标高控制在－20～－50mm的可判“好”。稍差的判为“一般”。

（2）表面平整。是在核查标高的基础上，进行表面平整的核查，标高偏差是地基表面的高度，其高度基本一致，即为表面平整。可判“好”，稍差的可判“一般”。

（3）边坡。有边坡的基坑、基槽，其边坡坡度要符合设计要求

或施工方案的要求。不能太陡，容易坍塌影响安全，也不能太缓，挖土方太多，造成不必要的浪费，且宜表面平整一致。设计要求或方案要求有加固措施的，措施要有效及符合设计要求等。可判“好”，稍差的可判“一般”。

3. 桩基观感质量核查项目判定

（1）桩头。内容有桩顶浮浆层及劣质桩体混凝土清理，钢筋位置及长度以及桩顶标高的一致性等。桩顶浮浆层清理及桩体劣质混凝土清除，通常是在一起进行的。

桩顶浮浆层应清理到正常混凝土的位置，劣质桩体包括浮浆、不密实混凝土、粗骨料不均匀，以及含有泥浆的混凝土也要去掉，清理到正常混凝土的位置。钢筋位置保持原钢筋笼的状况，桩顶露出的钢筋长度符合设计要求。一次清理达到要求的判为“好”；经过修理后才达到要求的判为“一般”。

（2）桩顶标高。内容有按设计要求高出地面的高度上来检查桩顶标高。通常灌注桩设计要求高出地面一定高度（50cm），以便嵌入承台混凝土。灌注桩桩顶标高为去掉浮浆及劣质桩体混凝土后的允许偏差＋30mm～－50mm。在允许偏差范围内的桩顶标高，判为“好”，稍差可判“一般”。达不到允许偏差，进行混凝土补浇筑达到标高的判为“一般”。

核查地基与基础分部工程质量验收记录，统计“好”、“一般”的检查点，判定档次。

（3）场地平整。同地基表面平整。

4. 地下防水观感质量检查项目判定

地下防水有多种材料，主要为卷材、涂层防水、塑料板、金属板等。其观感质量重点是表面质量及细部处理质量。

（1）表面质量：卷材防水层搭接缝应粘结或焊接牢固，密封严密，铺设应平整、顺直、搭接尺寸准确接缝应错开 1/3～1/2 幅面。不得有扭曲、拆皱、翘边和气泡等缺陷；立面卷材接槎的搭接宽度，高聚物改性沥青卷材不应小于 150mm，合成高分子卷材不应小于 100mm，且应上层盖过下层卷材。搭接宽度的允许偏差为－10mm＋的不限。侧墙防水层的保护层与防水层应结合紧密，保护厚度应符合设计要求。

每 100m² 为一处，综合评定“好”、“一般”评价。

（2）细部处理：转角处、变形缝、施工缝、穿墙管、埋设件等处的处理，符合设计要求。施工缝位置应高出底板表面不少于 300mm 的墙体上；止水带、遇水膨胀止水条、止水胶、防水涂料和预埋灌浆管的埋设必须符合设计要求；施工缝等防水构造必须符合设计要求。卷材、涂料的加强层及厚度符合设计要求，收头、弧度应粘贴牢固、平顺。

本工程为灌注桩，核查灌注桩分部工程质量验收记录，统计判定；桩头、桩顶标高“好”的点都达到 90%以上，场地平整“好”的点为 82%，判桩基为二档，取 70%分值。

地下防水表面质量“好”的点 100%，细部处理也为 100%，判为一档，取 100%分值。

三、将各项观感质量评价结果填入“地基与基础工程观感质量项目及评分表”表 3-6，计算求得观感质量项目的得分。

地基与基础工程观感质量项目及评分表　　表 3-6

<table>
<tr><td colspan="2">工程名称</td><td colspan="2">××××</td><td colspan="2">建设单位</td><td colspan="3">××××</td></tr>
<tr><td colspan="2">施工单位</td><td colspan="2">××××</td><td colspan="2">评价单位</td><td colspan="3">××××</td></tr>
<tr><td rowspan="2">序号</td><td colspan="3" rowspan="2">检　查　项　目</td><td rowspan="2">应得分</td><td colspan="2">判定结果</td><td rowspan="2">实得分</td><td rowspan="2">备注</td></tr>
<tr><td>100%</td><td>70%</td></tr>
<tr><td rowspan="2">1</td><td colspan="2">地基、复合地基</td><td>标高、表面平整、边坡</td><td rowspan="2">80</td><td rowspan="2"></td><td rowspan="2">56</td><td rowspan="2">56</td><td rowspan="3"></td></tr>
<tr><td colspan="2">桩基</td><td>桩头、桩顶标高、场地平整</td></tr>
<tr><td>2</td><td colspan="2">地下防水</td><td>表面质量、细部处理（施工缝、变形缝、穿墙管、预埋件、孔口、坑池等）</td><td>20</td><td>20</td><td></td><td>20</td></tr>
<tr><td></td><td colspan="3">合计得分</td><td>100</td><td>20</td><td>56</td><td>76</td><td></td></tr>
<tr><td>核查结果</td><td colspan="8">观感质量项目分值 10 分。
应得分合计：100
实得分合计：76
地基与基础工程观感质量得分 $=\frac{实得分合计}{应得分合计}\times10=\frac{76}{100}\times10=7.6$ 分
评价人员：×××　　　　2015 年 12 月 8 日</td></tr>
</table>

第四章　主体结构工程质量评价内容介绍及举例

第一节　混凝土结构工程

一、混凝土结构工程性能检测

（一）混凝土结构工程性能检测项目选择

混凝土结构工程性能检测项目是依据现行国家标准《混凝土结构工程质量验收规范》GB 50204 选择的，其检测项目较多，能代表工程完工的质量，规范确定了结构实体混凝土强度、结构实体钢筋保护层厚度和结构实体位置与尺寸偏差，共 3 项。规范并规定了其具体检验方法，这些项目在合格质量验收中都应进行检测，这里是抽查。

（二）混凝土结构工程性能检测项目判定

1. 按“性能检测”基本评价方法判定

检查标准：检查项目的检测指标一次检测达到设计要求及规范规定的应为一档，取 100％的分值；按相关规范规定，经过处理后满足设计要求及规范规定的应为二档，取 70％的分值。

检查方法：检查性能检测报告

结构实体检验应由监理单位组织施工单位实施，并见证实施过程。施工单位应制定结构实体检验专项方案，并经监理单位审核批准后实施。除结构位置与尺寸偏差外的结构实体检验项目，应由具有相应资质的检测机构完成。

2. 结构实体混凝土强度

结构实体混凝土强度应按不同强度等级分别检验，检验方法宜采用同条件养护试件方法；当未取得同条件养护试件强度或同条件养护试件强度不符合要求时，可采用回弹-取芯法进行检验。

结构实体混凝土同条件养护试件强度检验应符合 GB 50204 规范附录 C 的规定；结构实体混凝土回弹-取芯法强度检验应符合 GB 50204 规范附录 D 的规定。

混凝土强度检验时的等效养护龄期可取日平均温度逐日累计达到 600℃ · d 时所对应的龄期，且不应小于 14d，日平均温度为 0℃及以下的龄期不计入。

冬期施工时，等效养护龄期计算时温度可取结构构件实际养护温度，也可根据结构构件的实际养护条件，按照同条件养护试件强度与在标准养护条件下 28d 龄期试件强度相等的原则由监理、施工等各方共同确定。

（1）同条件养护试件强度检验应符合以下规定，按《混凝土结构工程施工质量验收规范》GB 50204 的附录 C 检验：

C. 0. 1　同条件养护试件的取样和留置应符合下列规定：

1）同条件养护试件所对应的结构构件或结构部位，应由施工、监理等各方共同选定，且同条件养护试件的取样宜均匀分布于工程施工周期内；

2）同条件养护试件应在混凝土浇筑入模处见证取样；

3）同条件养护试件应留置在靠近相应结构构件的适当位置，并应采取相同的养护方法；

4）同一强度等级的同条件养护试件不宜少于 10 组，且不应少于 3 组。每连续两层楼取样不应少于 1 组；每 2000m^3 取样不得少于一组。

C. 0. 2　每组同条件养护试件的强度值应根据强度试验结果按现行国家标准《普通混凝土力学性能试验方法标准》GB/T 50081 的规定确定。

C. 0. 3　对同一强度等级的同条件养护试件，其强度值应除以 0. 88 后按现行国家标准《混凝土强度检验评定标准》GB/T 50107 的有关规定进行评定，评定结果符合要求时可判结构实体混凝土强度合格。

（2）当同条件养护未取得试件强度或同条件养护试件强度不符合要求时，可采用回弹-取芯法进行检验，按《混凝土结构工程施工质量验收规范》GB 50204 的附录 D 检验。

D.0.1 回弹构件的抽取应符合下列规定：

1）同一混凝土强度等级的柱、梁、墙、板，抽取构件最小数量应符合表 D.0.1 的规定，并应均匀分布；

2）不宜抽取截面高度小于 300mm 的梁和边长小于 300mm 的柱。

表 D.0.1 回弹构件抽取最小数量

构件总数量	最小抽样数量
20 以下	全数
20～150	20
151～280	26
281～500	40
501～1200	64
1201～3200	100

D.0.2 每个构件应按现行行业标准《回弹法检测混凝土抗压强度技术规程》JGJ/T 23 对单个构件检测的有关规定选取不少于 5 个测区进行回弹，楼板构件的回弹应在板底进行。

D.0.3 对同一强度等级的构件，应按每个构件的最小测区平均回弹值进行排序，并选取最低的 3 个测区对应的部位各钻取 1 个芯样试件。芯样应采用带水冷却装置的薄壁空心钻钻取，其直径宜为 100mm，且不宜小于混凝土骨料最大粒径的 3 倍。

D.0.4 芯样试件的端部宜采用环氧胶泥或聚合物水泥砂浆补平，也可采用硫磺胶泥修补。加工后芯样试件的尺寸偏差与外观质量应符合下列规定：

1）芯样试件的高度与直径之比实测值不应小于 0.98，也不应大于 1.02；

2）沿芯样高度的任一直径与其平均值之差不应大于 2mm；

3）芯样试件端面的不平整度在 100mm 长度内不应大于 0.1mm；

4）芯样试件端面与轴线的不垂直度不应大于 1°；

5）芯样不应有裂缝、缺陷及钢筋等其他杂物。

D.0.5 芯样试件尺寸的量测应符合下列规定：

1）应采用游标卡尺在芯样试件中部互相垂直的两个位置测量直径，取其算术平均值作为芯样试件的直径，精确至0.5mm；

2）应采用钢板尺测量芯样试件的高度，精确至1mm；

3）垂直度应采用游标量角器测量芯样试件两个端线与轴线的夹角，精确至0.1°；

4）平整度应采用钢板尺或角尺紧靠在芯样试件端面上，一面转动钢板尺，一面用塞尺测量钢板尺与芯样试件端面之间的缝隙；也可采用其他专用设备测量。

D.0.6 芯样试件应按现行国家标准《普通混凝土力学性能试验方法标准》GB/T 50081 中圆柱体试件的规定进行抗压强度试验。

D.0.7 对同一强度等级的构件，当符合下列规定时，结构实体混凝土强度可判为合格：

1）3个芯样的抗压强度算术平均值不小于设计要求的混凝土强度等级值的88%；

2）3个芯样抗压强度的最小值不小于设计要求的混凝土强度等级值的80%。

（3）结构实体混凝土强度判定。采用同条件养护试件方法，检验符合规范规定的应为一档，取100%的分值；当未取得同条件养护试件强度或同条件养护试件强度不符合要求时，可采用回弹-取芯法进行检验，检验符合规定的为二档，取70%的分值。

3. 结构实体钢筋保护层厚度检验

（1）结构实体钢筋保护层厚度，按《混凝土结构工程施工质量验收规范》GB 50204 的附录E检验。

E.0.1 结构实体钢筋保护层厚度检验构件的选取应均匀分布，并应符合下列规定：

1）对悬挑构件之外的梁板类构件，应各抽取构件数量的2%且不少于5个构件进行检验。

2）对悬挑梁，应抽取构件数量的5%且不少于10个构件进行检验；当悬挑梁数量少于10个时，应全数检验。

3）对悬挑板，应抽取构件数量的10%且不少于20个构件进行检验；当悬挑板数量少于20个时，应全数检验。

E.0.2 对选定的梁类构件，应对全部纵向受力钢筋的保护层厚度进行检验；对选定的板类构件，应抽取不少于6根纵向受力钢筋的保护层厚度进行检验。对每根钢筋，应选择有代表性的不同部位量测3点取平均值。

E.0.3 钢筋保护层厚度的检验，可采用非破损或局部破损的方法，也可采用非破损方法并用局部破损方法进行校准。当采用非破损方法检验时，所使用的检测仪器应经过计量检验，检测操作应符合相应规程的规定。

钢筋保护层厚度检验的检测误差不应大于1mm。

E.0.4 钢筋保护层厚度检验时，纵向受力钢筋保护层厚度的允许偏差应符合表E.0.4的规定。

表E.0.4 结构实体纵向受力钢筋保护层厚度的允许偏差

构件类型	允许偏差(mm)
梁	+10，−7
板	+8，−5

E.0.5 梁类、板类构件纵向受力钢筋的保护层厚度应分别进行验收，并应符合下列规定：

1）当全部钢筋保护层厚度检验的合格率为90%及以上时，可判为合格；

2）当全部钢筋保护层厚度检验的合格率小于90%但不小于80%时，可再抽取相同数量的构件进行检验；当按两次抽样总和计算的合格率为90%及以上时，仍可判为合格；

3）每次抽样检验结果中不合格点的最大偏差均不应大于本规范附录E.0.4条规定允许偏差的1.5倍。

4. 结构实体位置与尺寸偏差检验

结构实体位置与尺寸偏差检验按《混凝土结构工程施工质量验收规范》GB 50204的附录F检验。

F.0.1 结构实体位置与尺寸偏差检验构件的选取应均匀分

布，并应符合下列规定：

1）梁、柱应抽取构件数量的1%，且不应少于3个构件；

2）墙、板应按有代表性的自然间抽取1%，且不应少于3间；

3）层高应按有代表性的自然间抽查1%，且不应少于3间。

F.0.2 对选定的构件，检验项目及检验方法应符合表F.0.2的规定，允许偏差及检验方法应符合本规范表8.3.2和表9.3.9的规定，精确至1mm。

表F.0.2 结构实体位置与尺寸偏差检验项目及检验方法

项目	检验方法
柱截面尺寸	选取柱的一边量测柱中部、下部及其他部位，取3点平均值
柱垂直度	沿两个方向分别量测，取较大值
墙厚	墙身中部量测3点，取平均值；测点间距不应小于1m
梁高	量测一侧边跨中及两个距离支座0.1m处，取3点平均值；量测值可取腹板高度加上此处楼板的实测厚度
板厚	悬挑板取距离支座0.1m处，沿宽度方向取包括中心位置在内的随机3点取平均值；其他楼板，在同一对角线上量测中间及距离两端各0.1m处，取3点平均值
层高	与板厚测点相同，量测板顶至上层楼板板底净高，层高量测值为净高与板厚之和，取3点平均值

F.0.3 墙厚、板厚、层高的检验可采用非破损或局部破损的方法，也可采用非破损方法并用局部破损方法进行校准。当采用非破损方法检验时，所使用的检测仪器应经过计量检验，检测操作应符合国家现行相关标准的规定。

F.0.4 结构实体位置与尺寸偏差项目应分别进行验收，并应符合下列规定：

1）当检验项目的合格率为80%及以上时，可判为合格；

2）当检验项目的合格率小于80%但不小于70%时，可再抽取相同数量的构件进行检验；当按两次抽样总和计算的合格率为80%及以上时，仍可判为合格。

结合规范GB 50204表8.3.2和表9.3.9的规定，其结构实体位置与尺寸偏差见表 4-1。

结构实体位置与尺寸偏差检验项目及检验方法　　表 4-1

<table>
<tr><th colspan="3">位置、尺寸允许偏差项目</th><th rowspan="3">检验方法</th></tr>
<tr><th rowspan="2">项目</th><th colspan="2">允许偏差(mm)</th></tr>
<tr><th>现浇结构</th><th>装配式结构</th></tr>
<tr><td>柱截面尺寸</td><td>+10;−5</td><td>±5</td><td>选取柱的一边量测柱中部、下部及其他部位，取 3 点平均值</td></tr>
<tr><td rowspan="2">层高柱垂直度≤6m
>6m</td><td>10</td><td>5</td><td rowspan="2">沿两个方向分别量测，取较大值</td></tr>
<tr><td>12</td><td>10</td></tr>
<tr><td>墙厚</td><td>+10;−5</td><td>±4</td><td>墙身中部量测 3 点，取平均值;测点间距不应小于 1m</td></tr>
<tr><td>梁高</td><td>+10;−5</td><td>±5</td><td>量测一侧边跨中及两个距离支座 0.1m 处，取 3 点平均值;量测值可取腹板高度加上此处楼板的实测厚度</td></tr>
<tr><td>板厚</td><td>+10;−5</td><td>±5</td><td>悬挑板取距离支座 0.1m 处，沿宽度方向取包括中心位置在内的随机 3 点取平均值;其他楼板，在同一对角线上量测中间及距离两端各 0.1m 处，取 3 点平均值</td></tr>
<tr><td>层高</td><td>设计层高</td><td>设计层高</td><td>与板厚测点相同，量测板顶至上层楼板板底净高，层高量测值为净高与板厚之和，取 3 点平均值。</td></tr>
</table>

5. 本工程核查项目

（1）本工程检查同条件养护试件强度试验报告，同条件养护试件强度符合规范规定取 100%分值。

（2）本工程核查结构实体钢筋保护层厚度检测报告，一次检验合格率达到 94%符合标准，取 100%的分值。

（3）本工程核查“结构实体位置与尺寸偏差检验报告”，一次检验合格率结构位置达 85%包括层高及柱垂直度；尺寸偏差达 88%包括柱截面尺寸、墙厚、梁高、宽及板厚符合标准，取 100%的分值。

（三）将各性能检测项目评价结果，填入“混凝土结构工程性能检测项目及评分表”表 4-2，计算求得性能检测项目的得分。

混凝土结构工程性能检测项目及评分表 **表 4-2**

工程名称	××××	建设单位	××××
施工单位	××××	评价单位	××××

序号	检查项目	应得分	判定结果		实得分	备注
			100%	70%		
1	结构实体混凝土强度	40	40		40	
2	结构实体钢筋保护层厚度	40	40		40	
3	结构实体位置与尺寸偏差	20	20		20	
	合计得分	100	100		100	
核查结果	性能检测项目分值 40 分。 应得分合计：100 实得分合计：100 混凝土结构工程性能检测得分 $=\frac{实得分合计}{应得分合计}\times40=\frac{100}{100}\times40=40$ 分 评价人员：×× 2015 年 12 月 8 日					

二、混凝土结构工程质量记录

（一）混凝土结构工程质量记录项目选择

1. 材料合格证、进场验收记录及复试报告。

（1）现浇混凝土结构。钢筋合格证及复试报告、钢筋连接材料合格证及复试报告和进场验收记录、混凝土拌合物合格证及进场坍落度测试记录；预制构件合格证、出厂检验报告及进场验收记录；预应力锚具、连接器合格证、出厂检验报告、进场验收记录及复试报告。三项内容。

（2）预应力结构，核查预应力钢筋、预应力锚夹具连接器合格证、出厂检验报告、进场验收记录及复试报告。

（3）装配式结构，检查预制构件合格证、出厂检验报告及进场验收记录。

在通常情况下，就检查这些项目。设计有要求时，或工程内容有大的变化时，可以由施工单位与监理单位共同在评价前确定，增加或减少材料的项目。

2. 施工记录。有五项内容，本工程只有现浇混凝土结构预拌混凝土进场工作性能测试记录、混凝土施工记录和隐蔽工程验收记录三项内容。

有预应力时，检查预应力安装、张拉及灌浆封锚施工记录。

有装配式结构时，检查装配式结构构件安装施工记录及隐蔽工程验收记录。

通常不必增加项目，按表列项目，有什么检查什么就可以了。

3. 施工试验。有五项内容，本工程只有现浇混凝土结构，有预拌混凝土的配合比试验报告、开盘鉴定报告、混凝土试件强度检测报告及强度评定报告；有钢筋连接时，钢筋连接试验报告；

有预应力时，无粘结预应力钢筋束防水检测记录、后张拉预应力筋断丝检测记录。

有装配式结构时，装配式构件安装连接检验报告。

本表列出三个项目，若有的项目没有时，即不检查。但各项目的应得分不变，都为30、30、40分。见表4-2。

（二）混凝土结构工程质量记录项目判定

1. 按“质量记录”基本评价方法判定

检查标准：材料、设备合格证、进场验收记录及复试报告、施工记录及施工试验等资料完整，能满足设计要求及规范规定的应为一档，取100％的分值；资料基本完整并能满足设计及规范要求的应为二档，取70％的分值。

检查方法：核查资料的项目、数量及数据内容。

2. 具体检查判定时，先检查各项目质量记录的项目是否有，项目确定后再检查每个项目中的资料数量是否满足覆盖项目的内容，第三检查各资料的指标是否达到规范规定和设计要求。

本工程只有现浇结构，有钢筋、混凝土拌合物合格证、进场坍落度测试记录、进场验收记录、钢筋复试报告、钢筋连接材料合格证及复试报告。

（1）本工程的钢筋、混凝土拌合物合格证完整，少数量小直径钢筋合格证不够完整，但复试报告符合规范规定，混凝土拌合物进场坍落度测试记录、进场验收记录，钢筋复试报告，钢筋连接材料合格证及复试报告能达到规范规定，为二档，取70%分值；

（2）预拌混凝土进场工作性能测试记录，混凝土施工记录，隐蔽工程验收记录能达到完整，为一档，取100%分值；

（3）混凝土配合比报告、开盘鉴定报告、混凝土试件强度试验报告及强度评定报告、钢筋连接试验报告能达到完整，为一档，取100%分值。

（三）将各项质量记录项目核查结果，填入“混凝土结构工程质量记录项目及评分表”表4-3，计算求得质量记录项目的得分。

混凝土结构工程质量记录项目及评分表　　表4-3

<table>
<tr><td colspan="2">工程名称</td><td>××××</td><td colspan="2">建设单位</td><td colspan="4">××××</td></tr>
<tr><td colspan="2">施工单位</td><td>××××</td><td colspan="2">评价单位</td><td colspan="4">××××</td></tr>
<tr><td rowspan="2">序号</td><td colspan="3" rowspan="2">检查项目</td><td rowspan="2">应得分</td><td colspan="2">判定结果</td><td rowspan="2">实得分</td><td rowspan="2">备注</td></tr>
<tr><td>100%</td><td>70%</td></tr>
<tr><td rowspan="3">1</td><td rowspan="3">材料合格证、进场验收记录及复试报告</td><td colspan="2">钢筋、混凝土拌合物合格证、进场坍落度测试记录、进场验收记录，钢筋复试报告，钢筋连接材料合格证及复试报告</td><td rowspan="3">30</td><td rowspan="3"></td><td rowspan="3">21</td><td rowspan="3">21</td><td rowspan="3">小直径钢筋合格证偏少</td></tr>
<tr><td colspan="2">预制构件合格证、出厂检验报告及进场验收记录</td></tr>
<tr><td colspan="2">预应力锚夹具、连接器合格证、出厂检验报告、进场验收记录及复试报告</td></tr>
<tr><td rowspan="5">2</td><td rowspan="5">施工记录</td><td colspan="2">预拌混凝土进场工作性能测试记录</td><td rowspan="5">30</td><td rowspan="5">30</td><td rowspan="5"></td><td rowspan="5">30</td><td rowspan="5"></td></tr>
<tr><td colspan="2">混凝土施工记录</td></tr>
<tr><td colspan="2">装配式结构安装连接施工记录</td></tr>
<tr><td colspan="2">预应力筋安装、张拉及灌浆封锚施工记录</td></tr>
<tr><td colspan="2">隐蔽工程验收记录</td></tr>
</table>

续表

<table>
<tr><th rowspan="2">序号</th><th rowspan="2" colspan="2">检查项目</th><th rowspan="2">应得分</th><th colspan="2">判定结果</th><th rowspan="2">实得分</th><th rowspan="2">备注</th></tr>
<tr><th>100%</th><th>70%</th></tr>
<tr><td rowspan="5">3</td><td rowspan="5">施工试验</td><td>混凝土配合比试验报告、开盘鉴定报告</td><td rowspan="5">40</td><td rowspan="5">40</td><td rowspan="5"></td><td rowspan="5">40</td><td rowspan="5"></td></tr>
<tr><td>混凝土试件强度试验报告及强度评定报告</td></tr>
<tr><td>钢筋连接试验报告</td></tr>
<tr><td>无粘结预应力筋防水检测记录，预应力筋断丝检测记录</td></tr>
<tr><td>装配式构件安装连接检验报告</td></tr>
<tr><td></td><td colspan="2">合计得分</td><td>100</td><td>70</td><td>21</td><td>91</td><td></td></tr>
<tr><td>核查结果</td><td colspan="7">质量记录项目分值 30 分。
应得分合计：100
实得分合计：91
$$混凝土结构工程质量记录得分=\frac{实得分合计}{应得分合计}\times30=\frac{91}{100}\times30=27.3分$$
评价人员：××　　2015 年 12 月 10 日</td></tr>
</table>

三、混凝土结构工程允许偏差

（一）混凝土结构工程允许偏差项目选择

1. 允许偏差分为混凝土现浇结构和装配式两种结构类型来选择。结构允许偏差选择对受力影响较大的项目。

2. 混凝土现浇结构选了墙、柱、梁的轴线位置、标高、全高垂直度，现浇结构表面平整度质量要求，由于用途不同，要求也不同，有抹灰的要求平整并有一定的粗糙度，刮腻子刷涂料的要求平整不光滑，清水混凝土要求图案及表面效果等。

3. 装配式结构选了柱、墙、梁、板的轴线位置，柱、墙、梁、板的标高。还选了梁、板构件的搁置长度。在检查时，这些项目就够了，通常情况下不必减少或增加。

（二）混凝土结构工程允许偏差项目判定

1. 按“允许偏差”基本评价方法判定

检查标准：检查项目 90%及以上测点实测值达到规范规定值

的应为一档，取100%的分值；检查项目80%及以上测点实测值达到规范规定值，但不足90%的应为二档，取70%的分值。

检查方法：在各相关检验批中，随机抽取5个检验批，不足5个的取全部进行核查。

2. 检测时注意事项：轴线位置、层高标高应在每层质量验收检查，在检验批中选取核查；现浇结构全高垂直度应在分项工程完成后，在分项工程质量验收记录中进行检查；现浇结构表面平整度主要应在检验批质量验收中检查。但在外墙层与层接槎处也有平整度，应注意在上一层验收时，考虑与下层接槎处的平整度。以免外装饰时造成困难和观感质量检查时通不过。

装配式结构构件搁置长度，应在构件安装时重点控制，在检验批质量验收记录中检查记录。

本工程为现浇混凝土结构，轴线位置及标高测点符合率达84%；全高垂直度H＜300m；测6点均小于30mm，为100%；表面平整度，大面均小于8mm，上下层接槎处、个别处偏差修理后达到规定，取70%。

（三）将各项允许偏差核查结果，填入“混凝土结构工程允许偏差项目及评分表”表4-4，计算求得该允许偏差项目的得分，现浇结构、装配结构各为一个体系，分别计算。

四、混凝土结构工程观感质量

（一）混凝土结构工程观感质量项目选定

1. 混凝土结构工程观感质量项目共提出9项，同规范的项目主要是针对现浇结构而提出的。是在混凝土构件拆去模板后检查，检查出问题可以进行修补或处理。通常应在检验批质量验收时检查。而宏观的观感质量检查是在分部（子分部）工程质量验收时才检查。

2. 对装配式结构工程观感质量，这些外观质量缺陷原则上也可用，只是一些是构件中检查，一些是构件安装连接后检查，如连接部位缺陷、裂缝等。

3. 装配式结构工程还规定了，预制构件主控项目的外观质量不应有严重缺陷，且不应有影响结构性能和安装、使用功能的尺寸

混凝土结构工程允许偏差项目及评分表 **表 4-4**

工程名称	××××	建设单位	××××
施工单位	××××	评价单位	××××

序号	检查项目			应得分	判定结果		实得分	备注
					100%	70%		
1	混凝土现浇结构	轴线位置	墙、柱、梁　8mm	40		28	82	
		标高	层高±10，全高±30					
		全高垂直度	H≤300m　H/30000+20mm H>300m　H/10000 且≤80mm	40	40			
		表面平整度	8mm	20		14		
2	装配式结构	轴线位置	柱、墙　8mm	40				
			梁、板　5mm					
		标高	柱、梁、墙板、楼板底面±5mm	40				
		构件搁置长度	梁、板　±10mm	20				
	合计得分			100	40	42	82	
核查结果	允许偏差项目分值 20 分。 应得分合计：100 实得分合计：82 混凝土结构工程允许偏差得分＝$\frac{实得分合计}{应得分合计}\times 20=\frac{82}{100}\times 20=16.4$ 分 评价人员：××　　2015 年 12 月 10 日							

偏差，预制构件上的预埋件、预留插筋、预埋管线等的规格和数量，以及预留孔、预留洞的数量应符合设计要求。预制构件的一般项目。预制构件的外观质量不应有一般缺陷。

4. 装配式结构安装连接后主控项目的外观质量不应有严重缺陷，且不应有影响结构性能和安装、使用功能的尺寸偏差。安装后，其一般项目的外观质量不应有一般缺陷。同时，在一般规定里还有装配式结构的接缝施工质量及防水性能应符合设计要求和规范规定。

故混凝土结构工程观感质量检查，不论现浇结构、装配式结构通常都可按表列项目进行检查。装配式结构设计有要求时，施工、监理单位共同研究确定增加项目。

（二）混凝土结构工程观感质量项目判定

1. 按“观感质量”基本评价方法判定

检查标准：每个检查项目以随机抽取的检查点按“好”“一般”给出评价。项目检查点90%及其以上达到“好”，其余检查点达到“一般”的应为一档，取100%的分值；项目检查点80%及其以上达到“好”，但不足90%，其余检查点达到“一般”的应为二档，取70%的分值。

检查方法：核查分部（子分部）工程质量验收资料。

2. 具体检查判定时，多数情况还是核查混凝土结构分部（子分部）工程的质量验收记录，由于主体结构部分有的已被装饰装修工程覆盖。若主体结构完工在合格验收后能及时核定评价，也可结合进行现场实体核查。检查时是进行宏观检查，对照表列各项目逐项核查，不应有严重缺陷或已按认可的技术处理方案处理，并重新验收。不应有一般缺陷，出现的一般缺陷，应由施工单位按技术处理方案进行处理。混凝土结构外观质量缺陷，严重缺陷、一般缺陷的判定标准，将规范判定表摘录于后，见表4-5。

现浇结构外观质量缺陷　　表4-5

名称	现象	严重缺陷	一般缺陷
露筋	构件内钢筋未被混凝土包裹而外露	纵向受力钢筋有露筋	其他钢筋有少量露筋
蜂窝	混凝土表面缺少水泥砂浆而形成石子外露	构件主要受力部位有蜂窝	其他部位有少量蜂窝
孔洞	混凝土中孔穴深度和长度均超过保护层厚度	构件主要受力部位有孔洞	其他部位有少量孔洞
夹渣	混凝土中夹有杂物且深度超过保护层厚度	构件主要受力部位有夹渣	其他部位有少量夹渣
疏松	混凝土中局部不密实	构件主要受力部位有疏松	其他部位有少量疏松
裂缝	裂缝从混凝土表面延伸至混凝土内部	构件主要受力部位有影响结构性能或使用功能的裂缝	其他部位有少量不影响结构性能或使用功能的裂缝

续表

名称	现象	严重缺陷	一般缺陷
连接部位缺陷	构件连接处混凝土有缺陷及连接钢筋、连接件松动	连接部位有影响结构传力性能的缺陷	连接部位有基本不影响结构传力性能的缺陷
外形缺陷	缺棱掉角、棱角不直、翘曲不平、飞边凸肋等	清水混凝土构件有影响使用功能或装饰效果的外形缺陷	其他混凝土构件有不影响使用功能的外形缺陷
外表缺陷	构件表面麻面、掉皮、起砂、沾污等	具有重要装饰效果的清水混凝土构件有外表缺陷	其他混凝土构件有不影响使用功能的外表缺陷

核查评定时，按检查划分的“部位”或“点”，综合评定“好”“一般”评价。评优良工程的项目不应出现“差”的“部位”或“点”。

本工程现浇混凝土结构，没有出现严重缺陷，一般缺陷已按技术方案处理。但蜂窝、疏松、外形缺陷、连接部位仍有少数“一般”的点。

（三）将各项观感质量项目检查结果，填入“混凝土结构工程观感质量项目及评分表”表4-6，计算求得观感质量项目的得分。

混凝土结构工程观感质量项目及评分表　　表4-6

工程名称	××××			建设单位	××××	
施工单位	××××			评价单位	××××	
序号	检查项目	应得分	判定结果		实得分	备注
			100%	70%		
1	露筋	15	15		15	好10点 一般0点
2	蜂窝	10		7	7	好8点 一般2点
3	孔洞	10	10		10	好10点 一般0点
4	夹渣	10	10		10	好10点 一般0点
5	疏松	10		7	7	好10点 一般2点
6	裂缝	15	15		15	好12点 一般3点

续表

序号	检　查　项　目	应得分	判定结果		实得分	备注
			100%	70%		
7	连接部位缺陷	15	15		15	好 14 点 一般 1 点
8	外形缺陷	10		7	7	好 8 点 一般 2 点
9	外表缺陷	5	5		5	好 10 点 一般 0 点
	合计得分	100	70	21	91	
核查结果	观感质量项目分值 10 分。 应得分合计：100 实得分合计：91 混凝土结构工程观感质量得分$=\frac{实得分合计}{应得分合计}\times10=\frac{91}{100}\times10=9.1$分 评价人员：××　　2015 年 12 月 11 日					

第二节　钢结构工程

一、钢结构工程性能检测

（一）钢结构工程性能检测项目选择

钢结构工程与混凝土结构、砌体结构差别较大，钢结构工程工厂化程度较大，构件都是工厂加工，现场施工多为拼装、安装连接。主体构件连接的方法也多为焊接连接和高强度螺栓连接。性能检测的项目相对较少，多数在构件生产中检查过了，作为构件进场检查就够了，但要求较高。

本规范制订时，对焊接连接、高强螺栓连接的质量指标，又进一步进行了细化，以便更细致来评价工程质量情况。

对钢结构结构安全方面选择焊缝内部质量、高强度螺栓连接副紧固质量两个项目。钢结构工程的防火、防腐要求高，是安全及耐久性的保证，又选择了防腐涂装质量和防火涂装质量两个项目，来代表钢结构工程的性能检测，因为是抽查核定不是全面核查，按表列项目核查即可。

（二）钢结构工程性能检测项目判定

1. 按“性能检测”基本评价方法判定

检查标准：检查项目的检测指标一次检测达到设计要求及规范规定的应为一档，取100％的分值；按相关规范规定，经过处理后满足设计要求及规范规定的应为二档，取70％的分值。

检查方法：核查性能检测报告。

2. 具体评价项目及评价方法

（1）焊缝内部质量检测

1）检查标准：设计要求全焊透的一、二级焊缝应采用无损探伤进行内部缺陷的检验，其评定等级、检验等级及检验比例应符合一、二级焊缝质量等级及缺陷分级表的规定（表4-7）。

一、二级焊缝质量等级及缺陷分级表　　表4-7

焊缝质量等级		一级	二级
内部缺陷超声波探伤	评定等级	Ⅱ	Ⅲ
	检验等级	B级	B级
	检验比例	100％	20％
内部缺陷射线探伤	评定等级	Ⅱ	Ⅲ
	检验等级	B级	B级
	检验比例	100％	20％

焊缝检验返修率不大于2％时应为一档，取100％的分值；返修率大于2％，但不大于5％时应为二档，取70％的分值。所有焊缝经返修后均应达到合格质量标准。

2）检查方法：核查超声波或射线探伤记录。

本工程为焊接连接，连接焊缝内部质量射线探伤检测，焊缝质量二级，检验等级B级，返工率为0.9％，对返工焊缝进行验收合格。

（2）高强度螺栓连接副紧固质量检测

1）检查标准：高强度螺栓连接副终拧完成1h后，48h内应进行紧固质量检查，其检查标准应符合高强度螺栓连接副紧固质量检验标准表的规定（表4-8）。

高强度螺栓连接副紧固质量检验标准表　　表 4-8

紧固方法	判定结果	
	优良点	合格点
扭矩法紧固	终拧扭矩偏差 $\Delta T \leqslant 5\% T$	终拧扭矩偏差 $5\% T < \Delta T \leqslant 10\% T$
转角法紧固	终拧角度偏差 $\Delta\theta \leqslant 15°$	终拧角度偏差 $15° < \Delta\theta \leqslant 30°$
扭剪型高强度螺栓施工扭矩	尾部梅花头未拧掉比例 $\delta \leqslant 2\%$	尾部梅花头未拧掉比例 $2\% < \delta \leqslant 5\%$

注：T 为扭矩法紧固时终拧扭矩值，θ 为终拧扭矩角度值，ΔT、$\Delta\theta$ 均为绝对值，Δ 为百分数。

高强度螺栓连接副紧固质量检测点优良点达到 95%及以上，其余点达到合格点时应为一档，取 100%的分值；当检测点优良点达到 80%及以上，但不足 95%时，其余点达到合格点时应为二档，取 70%的分值。

2）检查方法：核查扭矩法或转角法紧固检测报告。

（3）钢结构涂装质量检测

1）检查标准：钢结构涂装后，应对涂层干漆膜厚度进行检测，其检测标准应符合钢结构涂装干漆膜厚度质量检测标准表的规定（表 4-9）。

钢结构涂装干漆膜厚度质量检测标准表　　表 4-9

涂装类型	判定结果	
	优良点	合格点
防腐涂料	干漆膜总厚度允许偏差(Δ) $\Delta \leqslant -10\mu m$	干漆膜总厚度允许偏差(Δ) $-10\mu m < \Delta \leqslant -25\mu m$
薄涂型防火涂料	涂层厚度(δ)允许偏差(Δ) $\Delta \leqslant -5\%\delta$	涂层厚度(δ)允许偏差(Δ) $-5\%\delta < \Delta \leqslant -10\%\delta$
厚涂型防火涂料	90%及以上面积应符合设计厚度，且最薄处厚度不应低于设计厚度的 90%	80%及以上面积应符合设计厚度，且最薄处厚度不应低于设计厚度的 85%

全部涂装干漆膜厚度检测点优良点达到 95%及以上，其余点达到合格点时应为一档，取 100%的分值；当检测点优良点达到 80%及以上，但不足 95%时，其余点达到合格点时应为二档，取

70%的分值。

2）检查方法：核查检测报告。

本工程为焊接连接，合格验收已按规定对焊缝内部质量进行射线探伤检测，返修率为0.9%，对返修处进行了验收合格。防腐涂料、厚涂型防火涂料、干漆膜总厚度、涂层厚度的优良点分别达到97.4%和96.2%，其余点均为合格点。

（三）将各项性能检测项目核查结果，填入“钢结构工程性能检测项目及评分表”表4-10，计算求得性能检测项目的得分。

钢结构工程性能检测项目及评分表 **表4-10**

工程名称	××××		建设单位	××××		
施工单位	××××		评价单位	××××		
序号	检查项目	应得分	判定结果		实得分	备注
			100%	70%		
1	焊缝内部质量	60	60		60	焊缝连接
2	高强度螺栓连接副紧固质量					
3	防腐涂装	20	20		20	
4	防火涂装	20	20		20	
	合计得分	100	100		100	
核查结果	性能检测项目分值40分。 应得分合计：100 实得分合计：100 钢结构工程性能检测得分$=\frac{实得分合计}{应得分合计}\times 40=\frac{100}{100}\times 40=40$分 评价人员：×× 2015年12月12日					

二、钢结构工程质量记录

（一）钢结构工程质量记录项目选择

1. 材料合格证、进场验收记录及复试报告

（1）选择了钢材、焊材、紧固连接件出厂合格证、进场验收记录、复试报告，按设计要求进行复试；

（2）构件加工件出厂合格证或出厂检验报告、进场验收记录；

（3）防火、防腐涂料合格证、出厂检验报告及进场验收记录，

耐火等级、涂层附着力试验报告。

其他材料没有列出，这些是重点材料。工程中没有用到的材料不核查，应得分不变。

本工程为焊接连接，紧固连接件没有。

2. 施工记录

选择了共6项，焊接施工记录、焊缝外观及焊缝尺寸检查记录及高强度螺栓连接副施工记录；构件预拼装及构件吊装记录、网架结构屋面施工记录，以及隐蔽工程验收记录。这些都是主要的，有的就核查，没有的也不必增加了。

本工程是焊接连接，高强度螺栓连接副施工记录、网架结构屋面施工记录的项目没有不检查。

3. 施工试验

选择了连接材料重点试验项目共4项，高强度螺栓的预拉力复试及螺栓最小荷载、螺栓连接摩擦面抗滑移系数、高强度大六角螺栓连接副扭矩系数的复试报告；网架结构节点承载力试验以及金属屋面系统抗风能力试验等。已包括了主要试验项目。

本项目表列三个项目，正常时就按表列项目检查，没有的项目不检查，但通常不必增加。若设计要求增加新项目，施工、监理可研究增加到三个项目中，但三个项目的应得分不变，仍为30、30、40分。

本工程为焊接连接，高强度螺栓连接的项目不检查。

（二）钢结构工程质量记录项目判定

1. 按“质量记录”基本评价方法判定

检查标准：材料、设备合格证、进场验收记录及复试报告、施工记录及施工试验等资料完整，能满足设计要求及规范规定的应为一档，取100％的分值；资料基本完整并能满足设计及规范要求的应为二档，取70％的分值。

检查方法：核查资料的项目、数量及数据内容。

2. 具体检查判定时，先检查表中各项目质量记录的项目是否有，项目确定后，再检查每个项目中的资料数量能否满足覆盖项目的内容。第三检查资料中的指标是否达到规范规定和设计要求。

本工程为焊接连接，紧固件连接项目没有，高强螺栓副施工记录、网架结构屋面施工记录项目没有；施工试验的网架结构节点承载力试验记录、高强螺栓复试试验报告、金属屋面系统抗风力试验报告等没有。

本工程材料合格证、进场验收记录及复试报告三项都有，资料能达到完整；施工记录 6 项有 4 项，资料能达到完整；施工试验 4 项，只有 1 项，资料能达到完整。

（三）将各项目质量记录项目核查结果，填入“钢结构工程质量记录项目及评分表”表 4-11，计算求得质量记录项目的得分。

三、钢结构工程允许偏差

（一）钢结构工程允许偏差项目选择

允许偏差是工程施工精度的重要方面，工程性能允许偏差对结构受力、空间尺寸、装修、安装都会产生影响。钢结构工程的允许偏差选择了柱脚底座中心线及支座锚栓的位移允许偏差。选择了结构整体垂直度及主体结构平面弯曲允许偏差；同时，选择了水平钢结构构件的挠度值允许偏差。将钢结构的主要构件内容都包括了。

本项目表列的这三个项目，正常情况下就按表列项目检查，有什么项目检查什么项目，没有的不检查，不必增加或减少项目。若设计有要求时，可按设计要求，由施工监理研究增减项目检查，但应得分值不变。

（二）钢结构工程允许偏差项目判定

1. 按“允许偏差”基本评价方法判定

检查标准：检查项目 90％及以上测点实测值达到规范规定值的应为一档，取 100％的分值；检查项目 80％及以上测点实测值达到规范规定值，但不足 90％的应为二档，取 70％的分值。

检查方法：在各相关检验批中，随机抽取 5 个检验批，不足 5 个的取全部进行核查。

2. 具体检查判定时，先按表检查各允许偏差的项目及规定允许偏差值，然后检查各项目实际允许偏差的实测值能否满足规范规定和设计要求。

钢结构工程质量记录项目及评分表　　　　表 4-11

工程名称	××××	建设单位	××××
施工单位	××××	评价单位	××××

序号	检查项目		应得分	判定结果		实得分	备注
				100%	70%		
1	材料合格证、进场验收记录及复试报告	钢材、焊材、紧固连接件出厂合格证、进场验收记录、复试报告	30	30		30	
		加工件出厂合格证(出厂检验报告)及进场验收记录					
		防火及防腐涂装材料出厂合格证、出厂检验报告、进场验收记录，耐火极限、涂层附着力试验报告					
2	施工记录	焊接施工记录	30	30		30	
		预拼装及构件吊装记录					
		网架结构屋面施工记录					
		高强度螺栓连接副施工记录					
		焊缝外观及焊缝尺寸检查记录					
		隐蔽工程验收记录					
3	施工试验	网架结构节点承载力试验记录	40	40		40	
		高强度螺栓预拉力复验报告及螺栓最小荷载试验报告、高强度大六角头螺栓连接副扭矩系数复试报告、高强度螺栓连接摩擦面抗滑移系数检验报告					
		焊接工艺评定报告					
		金属屋面系统抗风能力试验报告					
		合计得分	100	100		100	
核查结果	质量记录项目分值 30 分。 应得分合计:100 实得分合计:100 钢结构工程质量记录得分$=\frac{实得分合计}{应得分合计}\times30=\frac{100}{100}\times30=30$分 评价人员:××　　　　2015 年 12 月 12 日						

本工程底座中心线及支座锚栓偏移测 6 点均未超过 5mm，多层垂直度 H＝130mm，测 6 点，21～45mm，平均 39mm 结果≤50mm；平面弯曲测 4 点，10～24mm，平均 20mm 结果≤25mm。没有钢管结构。

（三）将各项目允许偏差实测值，与规范规定值和设计要求值比较，判定各项目的允许偏差。将结果填入“钢结构工程允许偏差项目及评分表”表 4-12，计算求得允许偏差项目的得分。

钢结构工程允许偏差项目及评分表　　　　**表 4-12**

<table>
<tr><td colspan="3">工程名称</td><td colspan="2">××××</td><td colspan="2">建设单位</td><td colspan="2">××××</td></tr>
<tr><td colspan="3">施工单位</td><td colspan="2">××××</td><td colspan="2">评价单位</td><td colspan="2">××××</td></tr>
<tr><td rowspan="2">序号</td><td rowspan="2" colspan="3">检查项目</td><td rowspan="2">应得分</td><td colspan="2">判定结果</td><td rowspan="2">实得分</td><td rowspan="2">备注</td></tr>
<tr><td>100%</td><td>70%</td></tr>
<tr><td>1</td><td colspan="3">柱脚底座中心线对定位轴线偏移或支座锚栓偏移　5mm</td><td>10</td><td>10</td><td></td><td>10</td><td rowspan="5"></td></tr>
<tr><td rowspan="2">2</td><td rowspan="2">结构尺寸</td><td colspan="2">单层结构整体垂直度 H/1000，且≤25mm</td><td rowspan="2">25</td><td rowspan="2">25</td><td rowspan="2"></td><td rowspan="2">25</td></tr>
<tr><td colspan="2">多层结构整体垂直度（H/2500＋10），且≤50mm</td></tr>
<tr><td rowspan="3">3</td><td rowspan="3">钢管结构</td><td colspan="2">主体结构整体平面弯曲 L/1500，且≤25mm</td><td>25</td><td>25</td><td></td><td>25</td></tr>
<tr><td colspan="2">总拼完成后挠度值≤1.15 倍设计值</td><td rowspan="2">40</td><td rowspan="2">—</td><td rowspan="2"></td><td rowspan="2">—</td></tr>
<tr><td colspan="2">屋面工程完成后挠度值≤1.15 倍设计值</td><td></td></tr>
<tr><td></td><td colspan="3">合计得分</td><td>60</td><td>60</td><td></td><td>60</td><td></td></tr>
<tr><td>核查结果</td><td colspan="8">允许偏差项目分值 20 分。
应得分合计：60
实得分合计：60
$$钢结构工程允许偏差得分=\frac{实得分合计}{应得分合计}\times 20=\frac{60}{60}\times 20=20分$$
评价人员：××　　　　2015 年 12 月 11 日</td></tr>
</table>

四、钢结构工程观感质量

（一）钢结构工程观感质量项目选择

1. 选择了现场主要施工的焊缝的外观质量；

2. 选择了主要完成工程实体，主体结构及网架结构外观质量；

3. 选择了辅助及配套的钢构件外观质量；

4. 选择了涂装质量、防腐涂层、防火涂层的外观质量。

作为观感质量就比较全面了，可以全面了解钢结构工程的全貌。通常按表列项目检查即可，没有的项目可不检查，通常情况下也不增加项目。表中的项目没有时，可用应得分除以实际实得分即可。

（二）钢结构工程观感质量项目判定

1. 按“观感质量”基本评价方法判定

检查标准：每个检查项目以随机抽取的检查点按“好”“一般”给出评价。项目检查点 90%及其以上达到“好”，其余检查点达到“一般”的应为一档，取 100%的分值；项目检查点 80%及其以上达到“好”，但不足 90%，其余检查点达到“一般”的应为二档，取 70%的分值。

检查方法：核查分部（子分部）工程质量验收资料。

2. 具体检查判定时，先按表列项目检查观感质量项目及各项目的总体质量情况，按检查划分的“部位”或“点”，按规范中质量验收的总体要求，综合评价各项目的检查点，评出“好”“一般”的点，优良工程不允许出现“差”的点。

（三）将各项目观感质量评定的“好”“一般”的点，将结果填入“钢结构工程观感质量项目及评分表”表 4-13，计算求得观感质量项目的得分。

钢结构工程观感质量项目及评分表　　　表 4-13

<table>
<tr><td colspan="2">工程名称</td><td>××××</td><td>建设单位</td><td colspan="4">××××</td></tr>
<tr><td colspan="2">施工单位</td><td>××××</td><td>评价单位</td><td colspan="4">××××</td></tr>
<tr><td rowspan="2">序号</td><td colspan="2" rowspan="2">检　查　项　目</td><td rowspan="2">应得分</td><td colspan="2">判定结果</td><td rowspan="2">实得分</td><td rowspan="2">备　注</td></tr>
<tr><td>100%</td><td>70%</td></tr>
<tr><td>1</td><td colspan="2">焊缝外观质量</td><td>10</td><td>10</td><td></td><td>10</td><td>好 10 个
一般 0 个</td></tr>
<tr><td>2</td><td colspan="2">普通紧固件连接外观质量</td><td>10</td><td>—</td><td></td><td>—</td><td></td></tr>
<tr><td>3</td><td colspan="2">高强度螺栓连接外观质量</td><td>10</td><td>—</td><td></td><td>—</td><td></td></tr>
</table>

续表

序号	检查项目	应得分	判定结果		实得分	备注
			100%	70%		
4	主体钢结构构件表面质量	10		7	7	好8个 一般2个
5	钢网架结构表面质量	10	—		—	
6	普通涂层表面质量	15	15		15	好10个 一般0个
7	防火涂层表面质量	15	15		15	好9个 一般1个
8	压型金属板安装质量	10	—		—	
9	钢平台、钢梯、钢栏杆安装外观质量	10		7	7	好8个 一般2个
	合计得分	60	40	14	54	
核查结果	观感质量项目分值10分。 应得分合计:60 实得分合计:54 钢结构工程观感质量得分$=\frac{实得分合计}{应得分合计}\times10=\frac{54}{60}\times10=9$分 评价人员:×× 2015年12月12日					

第三节 砌体结构工程

一、砌体结构工程性能检测

(一) 砌体结构工程性能检测项目选择

1. 砌体结构是古老的承重结构，质量指标较多，但对总体质量有代表性的质量指标不明显，故按质量验收规范GB 50203，施工质量控制等级控制项目，选择了砂浆、混凝土强度质量指标。

2. 在各项质量指标中，砌体的垂直度相对是影响整体质量的，其中每层的垂直度不便检查，没有选择，只选择了全高垂直度。

用这三项性能检测项目来代表砌体结构实体质量，虽不怎么突出，但还是能有一定代表性的。

具体检查时，就按表列的项目检查，不必增加或减少。

（二）砌体结构工程性能检测项目判定

1. 按“性能检测”基本评价方法判定

检查标准：检查项目的检测指标一次检测达到设计要求及规范规定的应为一档，取100%的分值；按相关规范规定，经过处理后满足设计要求及规范规定的应为二档，取70%的分值。

检查方法：核查性能检测报告。

2. 具体检查判定时，其评价内容及评价方还应符合具体规定：

检查标准：

（1）砂浆强度、混凝土强度检测标准和方法应符合标准规定及设计要求。

砂浆强度检验评定。同一类型、强度等级的砂浆试块不应少于3组。28d标养试块，每一检验批且不超过250m³砌体的各类、各强度等级的砌筑砂浆，每台搅拌机每台班应至少抽查一次；预拌砂浆、蒸压加气混凝土砌块专用砂浆，抽检可为3组。同一验收批次砂浆试块强度平均值应等于或大于设计强度等级值的1.10倍；其中最小一组平均值应大于或等于设计强度等级值的85%。

混凝土强度检验评定，同混凝土结构工程其评定按《混凝土强度检验评定标准》GB/T 50107规定进行。

（2）全高砌体垂直度

全高不大于10m时垂直度允许偏差不应大于10mm。

全高大于10m时垂直度允许偏差不应大于20mm。

全高垂直度允许偏差各检测点均达到规范规定值的应为一档，取100%的分值；各检测点80%及以上，但不足100%达到规范规定值的应为二档，取70%的分值。

抽样检测结果中，不合格点的最大偏差均不应大于本标准规定允许偏差的1.5倍。

检查方法：核查分项工程质量验收资料。

本工程砌体为填充墙。砂浆强度、混凝土强度、试块代表数量符合要求，评定合格；砌体垂直度为层高没有全高，此项目不检查。

（三）将各项性能检测项目检查结果，填入“砌体结构工程性能检测项目及评分表”表4-14，计算求得性能检测项目的得分。

砌体结构工程性能检测项目及评分表　　　　表4-14

工程名称	××××			建设单位	××××	
施工单位	××××			评价单位	××××	
序号	检查项目	应得分	判定结果		实得分	备注
			100%	70%		
1	砂浆强度	30	30		30	
2	混凝土强度	30	30		30	
3	全高砌体垂直度	40	—			没检测
	合计得分	60	60		60	
核查结果	性能检测项目分值40分。 应得分合计：60 实得分合计：60 砌体结构工程性能检测得分$=\frac{实得分合计}{应得分合计}\times40=\frac{60}{60}\times40=40$分 评价人员：××　　2015年12月11日					

二、砌体结构工程质量记录

（一）砌体结构工程质量记录项目选择

1. 材料合格证、进场验收记录及复试报告，选择了水泥、砌块、预拌砂浆，进场都应有合格证，应与订货合同要求的质量指标一致；进场验收记录，有合格证检查数量、外观质量等。水泥、砌块应有进场复试报告，其他材料没有选择为检查项目。

2. 施工记录。选择了构造柱、圈梁施工记录、砌筑砂浆使用记录，以及隐蔽工程验收记录，这几项应是砌体施工过程较主要的。

3. 施工试验。选择了砌筑砂浆、混凝土配合比试验报告，如果是预拌砂浆，预拌混凝土时，可以是开盘鉴定报告；砂浆、混凝土试件强度报告及强度评定报告；水平灰缝砂浆饱满度检测记录项目。

这些项目的质量记录对砌体结构工程是较重要的技术资料。通常就按表列项目检查，若有的项目没有时不检查，但应得分不变，其规定的应得分，30、30、40 分不变。

（二）砌体结构工程质量记录项目判定

1. 按“质量记录”基本评价方法判定

检查标准：材料、设备合格证、进场验收记录及复试报告、施工记录及施工试验等资料完整，能满足设计要求及规范规定的应为一档，取 100%的分值；资料基本完整并能满足设计及规范要求的应为二档，取 70%的分值。

检查方法：核查资料的项目、数量及数据内容。

2. 具体检查判定时，应先检查表中各项目质量记录的项目是否有，项目确定后，再检查每个项目中资料的数量能否满足覆盖项目的内容，第三检查各资料中的质量指标是否达到设计要求和规范规定。

本工程砌体为填充墙，砂浆为预拌砂浆，混凝土为预拌混凝土，合格证、进场验收记录和开盘鉴定报告、砌块进场验收记录、强度复试等施工记录都有，判为一档；施工记录三项都有，其中砂浆使用记录不够全，判为二档；施工试验三项资料均符合要求，判为一档。

（三）将各项目质量记录项目检查结果，填入“砌体结构工程质量记录项目及评分表”表 4-15，计算求得质量记录项目的得分。

砌体结构工程质量记录项目及评分表　　表 4-15

工程名称	××××		建设单位	××××			
施工单位	××××		评价单位	××××			
序号	检查项目		应得分	判定结果		实得分	备注
				100%	70%		
1	材料合格证、进场验收记录及复试报告	水泥、砌块、预拌砌筑砂浆合格证，进场验收记录；水泥、砌块复试报告	30	30		30	
2	施工记录	构造柱、圈梁施工记录	30		21	21	砂浆使用记录内容欠缺
		砌筑砂浆使用施工记录					
		隐蔽工程验收记录					

续表

<table>
<tr><th rowspan="2">序号</th><th rowspan="2" colspan="2">检查项目</th><th rowspan="2">应得分</th><th colspan="2">判定结果</th><th rowspan="2">实得分</th><th rowspan="2">备注</th></tr>
<tr><th>100%</th><th>70%</th></tr>
<tr><td rowspan="3">3</td><td rowspan="3">施工试验</td><td>砂浆、混凝土配合比试验报告</td><td rowspan="3">40</td><td rowspan="3">40</td><td rowspan="3"></td><td rowspan="3">40</td><td rowspan="3"></td></tr>
<tr><td>砂浆、混凝土试件强度试验报告及强度评定</td></tr>
<tr><td>水平灰缝砂浆饱满度检测记录</td></tr>
<tr><td></td><td>合计得分</td><td></td><td>100</td><td>70</td><td>21</td><td>91</td><td></td></tr>
<tr><td>核查结果</td><td colspan="7">质量记录项目分值 30 分。
应得分合计：100
实得分合计：91
砌体结构工程质量记录得分 $=\frac{\text{实得分合计}}{\text{应得分合计}}\times 30=\frac{91}{100}\times 30=27.3$ 分
评价人员：××　　2015 年 12 月 11 日</td></tr>
</table>

三、砌体结构工程允许偏差

（一）砌体结构工程允许偏差项目选择

允许偏差项目对砌体结构来说比较重要，用砂浆将砌块砌成一个整体，砌体的质量要施工工人的技术水平来保证，其灰缝大小、错缝规则、轴线及标高控制，保证砌体的整体质量、结构质量、美观质量，工人的技术水平操作的精度起到很重要作用。

在评价规范中，选择了轴线位移，每层都要重视，且上下层要对准，保证受力性能。选择了层高垂直度，砌体的抗拉性能差，垂直度不好就会产生偏心，对砌体很重要。全高垂直度选为性能检测项目，层高垂直不便核查，选为允许偏差项目核查。选择了上下窗口位移，窗口对齐上下一致，是保证工程外观质量的重要内容，要保证达到要求，在砌体施工时，就要注意检测，并对摆砖搁底，错缝组砌，保证砌体质量都有影响，对清水外墙外观就更重要了。

本项目就选了轴线位移、层高垂直度、上下窗口偏移这三项，因为是抽查，这已经够了。正常情况下就按表列项目检查就行了，不必增加或减少项目，没有的可不查，但应得分值不变。

（二）砌体结构工程允许偏差项目判定

1. 按“允许偏差”基本评价方法判定

检查标准：检查项目 90%及以上测点实测值达到规范规定值的应为一档，取 100%的分值；检查项目 80%及以上测点实测值达到规范规定值，但不足 90%的应为二档，取 70%的分值。

检查方法：在各相关检验批中，随机抽取 5 个检验批，不足 5 个的取全部进行核查。

2. 具体检查判定时，先按规定将表列项目的允许偏差实测值在抽到的检验批中抽取，然后查各项实测值满足规范规定程度，判定符合规范规定的比例。

本工程为填充墙，轴线位移抽取了 20 点，18 点小于 10mm，2 点达到 13、14mm；层高垂直度抽取 20 点，16 点小于 5mm，4 点达到 7mm；混水墙窗口偏移不检查。

（三）将各项目允许偏差实测值，与规范规定的允许偏差值比较，判定各项目的允许偏差。将结果填入“砌体结构工程允许偏差项目及评分表”表 4-16，计算求得允许偏差项目的得分。

砌体结构工程允许偏差项目及评分表　　　　表 4-16

工程名称	××××			建设单位	××××		
施工单位	××××			评价单位	××××		
序号	检查项目		应得分	判定结果		实得分	备注
				100%	70%		
1	轴线位移	10 mm	40	40		40	不检查
2	层高垂直度	≤5mm	40		28	28	
3	上下窗口偏移	20mm	20	—			
	合计得分		80	40	28	68	
核查结果	允许偏差项目分值 20 分。 应得分合计：80 实得分合计：68 砌体结构工程允许偏差得分$=\frac{\text{实得分合计}}{\text{应得分合计}}\times 20=\frac{68}{80}\times 20=17$分 评价人员：××　　2015 年 12 月 11 日						

四、砌体结构工程观感质量

（一）砌体结构工程观感质量项目选择

砌体工程是古老的工程，是由小的砌块用砂浆砌筑成整体质量。靠施工工人的技术及有关材料的质量。由于其整体质量指标较少，但外观质量及一些内部质量多靠观感质量来判定。每个项目都能影响到砌体的整体质量，其观感质量检查很重要。从砌体的各个方面选择了 7 个项目，还选择了一个综合性的局部质量要求，共 8 个项目，来评价砌体的观感质量。这些项目基本代表了砌体的主要方面的质量，从这些方面宏观检查即可，通常不必再增加项目。没有的项目可不检查。

（二）砌体结构工程观感质量项目判定

1. 按“观感质量”基本评价方法判定

检查标准：每个检测项目以随机抽取的检查点按“好”“一般”给出评价。项目检查点 90%及其以上达到“好”，其余检查点达到“一般”的应为一档，取 100%的分值；项目检查点 80%及其以上达到“好”，但不足 90%，其余检查点达到“一般”的应为二档，取 70%的分值。

检查方法：检查分部（子分部）工程质量验收资料。

2. 具体检查判定时，可核查分部（子分部）工程质量验收资料。若没装修也可现场检查。按表列检查的项目划分成若干区、处、点、面、墙，按验收规范的综合要求进行检查，每个点评出“好” “一般”的结果，优良工程不允许出现“差”的点。

本工程为填充墙项目。

（三）将各项目观感质量评定的“好”“一般”的点，将结果填入“砌体结构工程观感质量项目及评分表”表 4-17，计算求得观感质量项目的得分。

砌体结构工程观感质量项目及评分表　　表 4-17

工程名称	××××			建设单位	××××	
施工单位	××××			评价单位	××××	

序号	检查项目	应得分	判定结果		实得分	备注
			100%	70%		
1	砌筑留槎	20	20		20	好 10 点 一般 0 点
2	过梁、压顶	10	—	—		没有
3	构造柱、圈梁	10	—	—		没有
4	砌体表面质量	10		7	7	好 16 点 一般 4 点
5	网状配筋及位置	10	—	—		没有
6	组合砌体及马牙槎拉结筋	10	—	—		没有
7	预留孔洞、预埋件	10	10		10	好 8 点 一般 0 点
8	细部质量	20		14	14	好 8 点 一般 2 点
	合计得分	60	30	21	51	
核查结果	观感质量项目分值 10 分。 应得分合计：60 实得分合计：51 砌体结构工程观感质量得分$=\frac{\text{实得分合计}}{\text{应得分合计}}\times 10=\frac{51}{60}\times 10=8.5$分 评价人员：××　　2015 年 12 月 12 日					

第五章　屋面工程质量评价内容介绍及举例

第一节　屋面工程性能检测

一、性能检测项目选择

屋面工程的主要功能是防水及保温两个方面，其最终质量指标是防水效果，保温效果，保温实体效果监测还比较困难，但在保温材料性能的基础上，其厚度就决定了保温效果，故选择了防水效果和保温层厚度这两个质量指标，来评价屋面工程质量的性能。

二、性能检测项目判定

1. 按“性能检测”基本评价方法判定

检测标准：检查项目的检测指标一次检测达到设计要求及规范规定的应为一档，取100%的分值；按相关规范规定，经过处理后满足设计要求及规范规定的应为二档，取70%的分值。

检查方法：核查性能检测报告。

2. 具体检查判定时，先按表列的性能检测项目，核查性能检测报告，查看检测结果。防水效果检查，可浇水不少于2h，蓄水检查、也可雨后检查，但必须有一定水量，能效仿大雨下后的要求。不渗水，不漏水，并不能有较多的积水，排水系统畅通。应检查浇水、蓄水、雨后检查的试验记录。检查保温层厚度测试记录。

检查标准：

（1）屋面防水效果：屋面淋水、蓄水或雨后检查，无渗漏、无积水和排水畅通的应为一档，取100%的分值；无渗漏及排水畅通，但局部有少量积水，水深不超过30mm应为二档，取70%的分值。

（2）保温层厚度：抽样测试点全部达到设计厚度的应为一档，取100%的分值；抽样测试点95%及以上，但不足100%达到设计厚度的，且平均厚度达到设计要求，最薄点不应小于设计厚度的95%的应为二档，取70%的分值。

检查方法：核查测试记录。

本工程为卷材防水层和板状材料保温层，浇水检查，分6点检查。防水效果无渗漏、无积水、排水畅通；板状保温材料厚测6点，均达到设计厚度。

三、将各项性能检测项目核查结果，填入“屋面工程性能检测项目及评分表”表5-1，计算求得性能检测项目的得分。

屋面工程性能检测项目及评分表 **表5-1**

工程名称	××××			建设单位	××××	
施工单位	××××			评价单位	××××	
序号	检查项目	应得分	判定结果		实得分	备注
			100%	70%		
1	屋面防水效果检查	50	50		50	
	保温层厚度测试	50	50		50	
	合计得分	100	100		100	
核查结果	性能检测项目分值40分。 应得分合计：100 实得分合计：100 屋面工程性能检测得分$=\frac{\text{实得分合计}}{\text{应得分合计}}\times40=\frac{100}{100}\times40=40$分 评价人员：××　　2015年12月12日					

第二节　屋面工程质量记录

一、质量记录项目选择

1. 材料合格证、进场验收记录及复试报告

重点选择了防水材料和保温材料，由于防水材料、保温材料种类多，如是其他类型材料可按相应材料标准检查。核

查合格证的质量指标符合订货合同要求，从外观、数量等方面检查做好进场验收记录，设计要求或规范规定抽样复试的按要求进行抽样复试，合格证、进场验收记录及抽样复试报告资料要完整。

2. 施工记录

也是重点选择了保温层及基层施工记录，屋面防水施工的施工记录。同时，屋面防水的重点还有檐口、檐沟、天沟、水落口、泛水、变形缝、伸出屋面管道根部的防水构造等细部构造的施工记录，对防水是重点，应做好施工记录。

3. 施工试验

选择了保护层砂浆及细石混凝土的配合比试验，防水涂料配合比试验，及密封材料配合比试验，其他试验的项目较少。

这些项目就按表列项目核查，通常不增加或减少，如是屋面材料，可按相应的内容核查，但 30、30、40 分的应得分值不变。

二、质量记录项目判定

1. 按“质量记录”基本项评价方法判定

检查标准：材料、设备合格证、进场验收记录及复试报告、施工记录及施工试验等资料完整，能满足设计要求及规范规定的应为一档，取 100％的分值；资料基本完整并满足设计及规范要求的应为二档，取 70％的分值。

检查方法：核查资料的项目、数量及数据内容。

2. 具体检查判定时，先按表列项目检查材料的种类及项目，再核查资料的数量能否覆盖到工程的要求，第三核查资料的内容，其数据和结论能否满足设计要求和规范规定。在合格证、进场验收记录、抽样复试报告符合规范规定后，来判定资料的完整性程度。

施工记录，核查其施工过程质量控制情况，主要是保温层、防水层施工及各细部部位环节的过程施工记录等。

施工试验，核查相关试验报告，有关胶料、密封材料、保护层配合比符合相应规范规定。

本工程为卷材防水、板状保温材料，没有保护层。防水、保温材料合格证、进场验收记录及复试报告完整，施工记录、保温层、防水层、基层施工记录、密封工程施工记录、细部工程施工记录完整；施工试验只有密封材料配合比，资料都能达到完整要求。

三、将各项“质量记录”项目核查结果，填入“屋面工程质量记录项目及评分表”表 5-2，计算求得质量记录项目的得分。

屋面工程质量记录项目及评分表 **表 5-2**

工程名称		××××		建设单位		××××	
施工单位		××××		评价单位		××××	
序号	检查项目		应得分	判定结果		实得分	备注
				100%	70%		
1	材料合格证、进场验收记录及复试报告	瓦及板材等屋面材料合格证、进场验收记录	30	30		30	
		防水与密封材料合格证、进场验收记录及复试报告					
		保温材料合格证、进场验收记录及复试报告					
2	施工记录	保温层及基层施工记录	30	30		30	
		防水与密封工程施工记录； 瓦面与板面施工记录					
		天沟、檐沟、泛水和变形缝等细部施工记录					
3	施工试验	保护层配合比试验报告，防水涂料、密封材料配合比试验报告	40	40		40	
	合计得分		100	100		100	
核查结果	质量记录项目分值 20 分。 应得分合计：100 实得分合计：100 屋面工程质量记录得分$=\dfrac{实得分合计}{应得分合计}\times 20=\dfrac{100}{100}\times 20=20$ 分 评价人员：××　　　　2015 年 12 月 12 日						

第三节　屋面工程允许偏差

一、允许偏差项目选择

屋面工程允许偏差，按屋面工程的特点，将屋面工程防水层根据不同材料，将其的施工精度偏差列出，主要材料卷材与涂膜屋面、瓦面与板面屋面与隔热屋面分别列出，并将细部构造也列出。一个屋面不可能同时都有这些屋面，有哪个项目检查哪个，没有的不检查，同类的材料列入相同的项目。整个屋面允许偏差项目分为二部分，一是大面，二是细部构造，分别列出应得分值。大面的占 70，细部的占 30，项目变动应得分不变。

二、允许偏差项目判定

1. 按“允许偏差”基本评价方法判定

检查标准：检查项目 90％及以上测点实测值达到规范规定值的应为一档，取 100％的分值；检查项目 80％及以上测点实测值达到规范规定值，但不足 90％的应为二档，取 70％的分值。

检查方法：在各相关检验批中，随机抽取 5 个检验批，不足 5 个的取全部进行核查。

2. 具体检查判定时，就按表中的项目和允许偏差值进行判定。将相关检验批的实测允许偏差值按表列项目抽取，对达到规范规定值的实测值进行统计，计算出比例。

本工程为卷材屋面，其允许偏差排水沟坡度、卷材搭接宽度均小于 10mm，都达到规范规定，细部构造偏差卷材伸入水落口长度大于等于 50mm，立面泛水高度大于等于 250mm，符合要求。

三、将各项“允许偏差”项目检查结果，填入“屋面工程允许偏差项目及评分表”表 5-3，计算求得允许偏差项目的得分。

屋面工程允许偏差项目及评分表　　　表 5-3

工程名称	××××	建设单位	××××
施工单位	××××	评价单位	××××

序号	检查项目		应得分	判定结果		实得分	备注
				100%	70%		
1	卷材与涂膜屋面	屋面及排水沟坡度符合设计要求	70	70		70	
		防水卷材搭接宽度的允许偏差为－10mm 涂料防水层平均厚度达到设计值、最小厚度≥设计值 80%					
	瓦面与板面屋面	压型板纵向搭接及泛水搭接长度、挑出墙面长度≥200mm					
		脊瓦搭盖坡瓦宽度≥40mm 瓦伸入天沟、檐沟、檐口的长度　50mm～70mm					
	刚性屋面与隔热屋面	刚性防水层表面平整度 5mm 架空屋面架空隔热制品距周边墙不小于 250mm					
2	细部构造	防水层伸入水落口杯长度≥50mm	30	30		30	
		变形缝、女儿墙防水层立面泛水高度　≥250mm					
	合计得分		100	100		100	
核查结果	允许偏差项目分值 10 分。 应得分合计：100 实得分合计：100 屋面工程允许偏差得分＝$\frac{实得分合计}{应得分合计}\times10=\frac{100}{100}\times10=10$ 分 评价人员：××　　　2015 年 12 月 12 日						

第四节　屋面工程观感质量

一、观感质量项目选择

屋面工程的观感质量很重要，其外观可能影响到城市观感及工程的防水效果，按照3种不同屋面防水材料及做法，加上细部构造质量共4项。根据屋面质量验收规范的综合要求，把屋面分为若干处进行宏观检查，重点是防水层可能引起渗漏水的地方。按要求评出“好”“一般”的“处”、“点”。优良工程不允许出现“差”的“处”、“点”。在观感质量项目中，把大面的应得分与细部构造的应得分都列为50分。因细部是最易出现渗漏的，观感检查时，也是重点检查细部构造。

二、观感质量项目判定

1. 按“观感质量”基本评价方法判定

检查标准：每个检查项目以随机抽取的检查点按“好”、“一般”给出评价。项目检查点90%及其以上达到“好”，其余检查点达到“一般”的应为一档，取100%的分值；项目检查点80%及其以上达到“好”，但不足90%，其余检查点达到“一般”的应为二档，取70%的分值。

检查方法：核查分部（子分部）工程质量验收资料。

2. 具体检查判定时，对屋面分部工程质量验收资料的观感质量表进行核查，按表列项目摘录出来进行核定。屋面工程可现场检查，在现场观感质量实际检查时，把屋面分为若干处（约100 ㎡为一处），并包含有关质量内容，按屋面工程质量验收规范的规定内容，进行宏观检查，对相应的大面处及细部檐口、檐沟、天沟、泛水、水落口及变形缝等细部构造做法应全部检查。判定出“好”“一般”的处。优良工程不应出现“差”的处。

本工程为卷材防水层，将大面分为6处来检查，都为好的点。各细部构造做法也都好。

三、将“观感质量”项目检查结果，填入“屋面工程观感质量项目及评分表”表 5-4，计算求得观感质量项目的得分。

屋面工程观感质量项目及评分表　　　　表 5-4

<table>
<tr><td>工程名称</td><td colspan="2">××××</td><td colspan="2">建设单位</td><td colspan="3">××××</td></tr>
<tr><td>施工单位</td><td colspan="2">××××</td><td colspan="2">评价单位</td><td colspan="3">××××</td></tr>
<tr><td rowspan="2">序号</td><td rowspan="2" colspan="2">检查项目</td><td rowspan="2">应得分</td><td colspan="2">判定结果</td><td rowspan="2">实得分</td><td rowspan="2">备注</td></tr>
<tr><td>100%</td><td>70%</td></tr>
<tr><td rowspan="6">1</td><td rowspan="4">卷材、涂膜屋面</td><td>卷材铺设质量</td><td rowspan="6">50</td><td rowspan="6">50</td><td rowspan="6"></td><td rowspan="6">50</td><td rowspan="6">好 6 点
一般
0 点</td></tr>
<tr><td>涂膜防水层质量</td></tr>
<tr><td>排气道设置质量</td></tr>
<tr><td>上人屋面面层铺设质量</td></tr>
<tr><td>瓦、板屋面</td><td>瓦及板材铺设质量</td></tr>
<tr><td>刚性、隔热等屋面</td><td>其他材料屋面</td></tr>
<tr><td>2</td><td colspan="2">细部构造</td><td>50</td><td>50</td><td></td><td>50</td><td>好 6 点
一般 0 点</td></tr>
<tr><td></td><td colspan="2">合计得分</td><td>100</td><td>100</td><td></td><td>100</td><td></td></tr>
<tr><td>核查结果</td><td colspan="7">观感质量项目分值 30 分。
应得分合计：100
实得分合计：100
屋面工程观感质量得分 $=\frac{实得分合计}{应得分合计}\times 30=\frac{100}{100}\times 30=30$ 分
评价人员：××　　　　2015 年 12 月 12 日</td></tr>
</table>

第六章　装饰装修工程质量评价内容介绍及举例

第一节　装饰装修工程性能检测

一、性能检测项目选择

装饰装修工程项目内容多，质量要求繁杂，多数与使用功能、生活生产接近，又容易出现影响身体健康、安全、功能质量问题。项目选择相对较困难。根据常用的材料及项目选择了表中列出的10个方面的项目，是影响安全、使用功能，及影响身体健康的主要项目。由于装饰装修的材料不同，结构构造不同，影响环境的不同等，可能出现表中没有的项目，或设计要求的项目，可以增加，没有出现的项目可以不查。但应得分为100不变，或采用应得分除以实得分求得判定的结果。

二、性能检测项目判定

1. 按“性能检测”基本评价方法判定

检查标准：检查项目的检测指标一次检测达到设计要求及规范规定的应为一档，取100%的分值；按相关规范规定，经过处理后满足设计要求及规范规定的应为二档，取70%的分值。

检查方法：核查性能检测报告。

2. 具体检查判定时，根据各项目设计要求和规范规定，对检测报告的数据和结论进行核查，与设计要求值与规范规定值比较，核定各项目的检测报告。摘录各检测结果。没有的项目可以不核查，新增加项目经设计、施工、监理认可后，可增加，根据设计及规范规定进行判定。增加项目列入相对应的项目，10个项目不变，每个项目的应得分均为10来判定。

本工程没有幕墙项目、没有外墙块材镶贴。其余项目都应有检测资料，共有6项检测资料，都能满足规范规定要求。

三、将各性能检测项目核查结果，填入“装饰装修工程性能检测项目及评分表”表6-1，计算求得性能检测项目的得分。

装饰装修工程性能检测项目及评分表　　**表6-1**

<table>
<tr><td>工程名称</td><td colspan="2">××××</td><td colspan="2">建设单位</td><td colspan="3">××××</td></tr>
<tr><td>施工单位</td><td colspan="2">××××</td><td colspan="2">评价单位</td><td colspan="3">××××</td></tr>
<tr><td rowspan="2">序号</td><td rowspan="2">检查项目</td><td rowspan="2">应得分</td><td colspan="2">判定结果</td><td rowspan="2">实得分</td><td rowspan="2" colspan="2">备注</td></tr>
<tr><td>100%</td><td>70%</td></tr>
<tr><td>1</td><td>外窗三性检测</td><td>10</td><td>10</td><td></td><td>10</td><td colspan="2" rowspan="10"></td></tr>
<tr><td>2</td><td>外窗、门的安装牢固检验</td><td>10</td><td>10</td><td></td><td>10</td></tr>
<tr><td>3</td><td>装饰吊挂件和预埋件检验或拉拔力试验</td><td>10</td><td>10</td><td></td><td>10</td></tr>
<tr><td>4</td><td>阻燃材料的阻燃性试验</td><td>10</td><td>10</td><td></td><td>10</td></tr>
<tr><td>5</td><td>幕墙的三性及平面变形性能检测</td><td>10</td><td>—</td><td></td><td></td></tr>
<tr><td>6</td><td>幕墙金属框架与主体结构连接检测</td><td>10</td><td>—</td><td></td><td></td></tr>
<tr><td>7</td><td>幕墙后置预埋件拉拔力试验</td><td>10</td><td>—</td><td></td><td></td></tr>
<tr><td>8</td><td>外墙块材镶贴的粘结强度检测</td><td>10</td><td>—</td><td></td><td></td></tr>
<tr><td>9</td><td>有防水要求房间地面蓄水试验</td><td>10</td><td>10</td><td></td><td>10</td></tr>
<tr><td>10</td><td>室内环境质量检测</td><td>10</td><td>10</td><td></td><td>10</td></tr>
<tr><td></td><td>合计得分</td><td>60</td><td>60</td><td></td><td>60</td><td colspan="2"></td></tr>
<tr><td>核查结果</td><td colspan="7">性能检测项目分值30分。
应得分合计：60
实得分合计：60
装饰装修工程性能检测得分 $=\frac{\text{实得分合计}}{\text{应得分合计}}\times30=\frac{60}{60}\times30=30$ 分
评价人员：××　　2015年12月12日</td></tr>
</table>

第二节　装饰装修工程质量记录

一、质量记录项目选择

装饰装修工程的材料种类多，施工过程要求各不同，且要求施工试验的项目也愈来愈多。在评优良工程中，主要是通过抽查来核验施工质量和施工技术管理的。选择了地面、墙面、门窗、吊顶、隔墙用的大宗材料，保温等有专项要求的材料，以及环保要求的材料；这些部位及项目的材料质量、施工记录和施工试验。质量记录分为三个部分进行材料质量及施工过程的质量控制。

1. 材料合格证、进场验收记录及复试报告

将材料的控制分为三个部分。一是地面、墙面、门窗、吊顶、隔墙、保温等主要大宗材料；二是幕墙的玻璃、石材、板材、结构材料；三是有环境质量要求的材料。进场核查其合格证的质量指标与设计要求和规范规定及合同约定一致，并检查其外观、数量、包装等保护措施，形成进场验收记录。设计及规范有要求的进行抽样复试。其合格证、进场验收记录、复试报告资料要完整。

2. 施工记录

将内外檐的门窗安装、吊顶、隔墙、地面、墙面、抹灰、涂饰的过程和重点环节形成施工记录，来说明施工过程的技术管理；将幕墙、外墙饰面砖（板）、预埋件及粘贴施工记录，来说明其保证安全的技术性能；并对有隐蔽的部位进行验收形成记录，来说明施工过程的技术管理和施工质量。

3. 施工试验

施工试验是保证工程质量的重要方面，通过施工过程有关材料性能、配合比，有关胶料的配合比，结构胶相容性试验，有外饰面幕墙、饰面砖、门窗牢固性试验以及有排水要求房间地面坡度的检验记录等，来说明技术管理的有效性。

装饰装修材料品种多，工艺多，若有变化可适当增加，没有的项目可不查，由施工、监理在施工前共同确定，项目可不增加，列入相类似的项目评价。但 30、30、40 分的应得分不变。

二、质量记录项目判定

1. 按“质量记录”基本评价方法判定

检查标准：材料、设备合格证、进场验收记录及复试报告、施工记录及施工试验等资料完整，能满足设计及规范要求的应为一档，取 100％的分值；资料基本完整并能满足设计及规范要求的应为二档，取 70％的分值。

检查方法：核查资料的项目、数量及数据内容。

2. 具体检查判定时，首先核查材料的项目与设计要求、规范规

定相对应；然后对项目中资料的数量检查，能覆盖到项目的各部位；再核对合格证、验收记录的数据、结论等内容能否满足设计要求和规范规定。有抽样复试要求的材料其复试报告数据内容符合要求；

施工记录，大面积装饰装修项目及有要求的重点项目应有施工记录，其内容应满足质量验收的要求，说明施工过程的技术管理；

施工试验要求有完工检查验收的项目及部位，要求有配合比试验，完工后的试验的项目应有检查验收试验记录和配合比等性能试验报告。各项质量记录的数量要能覆盖到有关项目，质量记录的内容要求满足设计要求和规范规定。

本工程没有幕墙、没有外墙块材镶贴项目。门窗、装饰、地面、抹灰、涂料、保温材料等大宗材料及有环境要求的材料的合格证，进场验收记录及抽样复试报告。合格证装饰材料数量欠缺不够完整；吊顶、隔墙有相应的施工记录，但外门、窗框、隐蔽工程验收记录、抹灰、涂饰施工记录内容较欠缺；有防水要求的地面的坡度检验记录，有关胶的配合比试验单。结构胶相容性试验项目没有。

三、将“质量记录”项目核查结果，填入“装饰装修工程质量记录项目及评分表”表6-2。计算求得质量记录项目的得分。

装饰装修工程质量记录项目及评分表　　　表6-2

<table>
<tr><td colspan="2">工程名称</td><td colspan="2">××××</td><td colspan="2">建设单位</td><td colspan="2">××××</td></tr>
<tr><td colspan="2">施工单位</td><td colspan="2">××××</td><td colspan="2">评价单位</td><td colspan="2">××××</td></tr>
<tr><td rowspan="2">序号</td><td colspan="2" rowspan="2">检查项目</td><td rowspan="2">应得分</td><td colspan="2">判定结果</td><td rowspan="2">实得分</td><td rowspan="2">备注</td></tr>
<tr><td>100%</td><td>70%</td></tr>
<tr><td rowspan="3">1</td><td rowspan="3">材料合格证、进场验收记录及复试报告</td><td>装饰装修、地面、门窗、保温、阻燃防火材料合格证及进场验收记录，保温、阻燃材料复试报告</td><td rowspan="3">30</td><td rowspan="3"></td><td rowspan="3">21</td><td rowspan="3">21</td><td rowspan="3">装饰材料合格数量欠缺</td></tr>
<tr><td>幕墙的玻璃、石材、板材、结构材料合格证及进场验收记录</td></tr>
<tr><td>有环境质量要求材料合格证、进场验收记录及复试报告</td></tr>
</table>

续表

<table>
<tr><th rowspan="2">序号</th><th rowspan="2" colspan="2">检查项目</th><th rowspan="2">应得分</th><th colspan="2">判定结果</th><th rowspan="2">实得分</th><th rowspan="2">备注</th></tr>
<tr><th>100%</th><th>70%</th></tr>
<tr><td rowspan="4">2</td><td rowspan="4">施工记录</td><td>幕墙、外墙饰面砖(板)、预埋件及粘贴施工记录</td><td rowspan="4">30</td><td rowspan="4"></td><td rowspan="4">21</td><td rowspan="4">21</td><td rowspan="4">幕墙没有，抹灰、涂饰施工记录内容欠缺</td></tr>
<tr><td>门窗、吊顶、隔墙、地面、饰面砖(板)施工记录</td></tr>
<tr><td>抹灰、涂饰施工记录</td></tr>
<tr><td>隐蔽验收记录</td></tr>
<tr><td rowspan="3">3</td><td rowspan="3">施工试验</td><td>有防水要求房间地面坡度检验记录</td><td rowspan="3">40</td><td rowspan="3">40</td><td rowspan="3"></td><td rowspan="3">40</td><td rowspan="3">结构胶没有</td></tr>
<tr><td>结构胶相容性试验报告</td></tr>
<tr><td>有关胶料配合比试验单</td></tr>
<tr><td></td><td colspan="2">合计得分</td><td>100</td><td>40</td><td>42</td><td>82</td><td></td></tr>
<tr><td>核查结果</td><td colspan="7">质量记录项目分值 20 分。
应得分合计：100
实得分合计：82
装饰装修工程质量记录得分 $=\frac{\text{实得分合计}}{\text{应得分合计}}\times 20=\frac{82}{100}\times 20=16.4$ 分
评价人员：××　　　　2015 年 12 月 12 日</td></tr>
</table>

第三节　装饰装修工程允许偏差

一、允许偏差项目选择

装饰装修工程项目多，允许偏差项目也多。在评优良工程时，只能抽查其完工后能看到的，对使用功能有影响的、对观感效果和安全有关系的项目。并且照顾到部位各大的项目等，列出了 6 个方面允许偏差。通常情况下，就按这些项目核查，抽取相关检验批，对应的项目摘录抽查，不必增加项目，没有的项目可不查，各项目的应得分不变。应得分有的项目没有时，可取实得分除以应得分的分值。

二、允许偏差项目判定

1. 按“允许偏差”基本评价方法判定

检查标准：检查项目 90%及以上测点实测值达到规范规定值的应为一档，取 100%的分值；检查项目 80%及以上测点实测值达到规范规定值，但不足 90%的应为二档，取 70%的分值。

检查方法：在各相关检验批中，随机抽取 5 个检验批，不足 5 个的取全部进行核查。

2. 具体检查判定时，先核查相关检验批验收资料中的有允许偏差按表列项目进行摘录判定，能满足质量验收规范规定的实测值计算出每个项目的比例。

本工程具体检查的点数列于表上，不合格的点的偏差值没超过 1.5 倍规定值。

三、将各允许偏差项目核查结果，填入“装饰装修工程允许偏差项目及评分表”表 6-3，计算求得允许偏差项目的得分。

装饰装修工程允许偏差项目及评分表　　表 6-3

<table>
<tr><td colspan="2">工程名称</td><td colspan="3">××××</td><td colspan="2">建设单位</td><td colspan="3">××××</td></tr>
<tr><td colspan="2">施工单位</td><td colspan="3">××××</td><td colspan="2">评价单位</td><td colspan="3">××××</td></tr>
<tr><td rowspan="2">序号</td><td rowspan="2" colspan="3">检查项目</td><td rowspan="2">允许偏差（mm）</td><td rowspan="2">应得分</td><td colspan="2">判定结果</td><td rowspan="2">实得分</td><td rowspan="2">备注</td></tr>
<tr><td>100%</td><td>70%</td></tr>
<tr><td rowspan="2">1</td><td rowspan="2" colspan="2">墙面抹灰工程</td><td>立面垂直度</td><td>4</td><td rowspan="2">20</td><td rowspan="2">20</td><td rowspan="2"></td><td rowspan="2">20</td><td rowspan="2">好 19 点
一般 1 点</td></tr>
<tr><td>表面平整度</td><td>4</td></tr>
<tr><td rowspan="7">2</td><td colspan="2">门窗工程</td><td>门窗框正、侧面垂直度</td><td>3</td><td rowspan="7">20</td><td rowspan="7">20</td><td rowspan="7"></td><td rowspan="7">20</td><td rowspan="7">好 9 点
一般 1 点</td></tr>
<tr><td rowspan="6">幕墙工程</td><td rowspan="6">幕墙垂直度</td><td>双层窗内外框间距</td><td>4</td></tr>
<tr><td>$H\leqslant30$m</td><td>10</td></tr>
<tr><td>30m$<H\leqslant$60m</td><td>15</td></tr>
<tr><td>60m$<H\leqslant$90m</td><td>20</td></tr>
<tr><td>$H>$90m</td><td>25</td></tr>
<tr><td>3</td><td colspan="2">地面工程</td><td>地面表面平整度</td><td>4</td><td>30</td><td>30</td><td></td><td>30</td><td>好 20 点
一般 0 点</td></tr>
<tr><td>4</td><td colspan="2">吊顶工程</td><td>接缝直线度</td><td>3</td><td>10</td><td></td><td>7</td><td>7</td><td>好 8 点
一般 2 点</td></tr>
</table>

续表

<table>
<tr><th rowspan="2">序号</th><th colspan="2" rowspan="2">检查项目</th><th rowspan="2">允许偏差（mm）</th><th rowspan="2">应得分</th><th colspan="2">判定结果</th><th rowspan="2">实得分</th><th rowspan="2">备注</th></tr>
<tr><th>100%</th><th>70%</th></tr>
<tr><td rowspan="2">5</td><td rowspan="2">饰面板（砖）工程</td><td>表面平整度</td><td>3</td><td rowspan="2">10</td><td rowspan="2"></td><td rowspan="2">7</td><td rowspan="2">7</td><td rowspan="2">好 4 点
一般 1 点</td></tr>
<tr><td>接缝直线度</td><td>2</td></tr>
<tr><td rowspan="2">6</td><td rowspan="2">细部工程</td><td>扶手高度</td><td>3</td><td rowspan="2">10</td><td rowspan="2"></td><td rowspan="2">7</td><td rowspan="2">7</td><td rowspan="2">好 10 点
一般 2 点</td></tr>
<tr><td>栏杆间距</td><td>3</td></tr>
<tr><td></td><td colspan="2">合计得分</td><td></td><td>100</td><td>70</td><td>21</td><td>91</td><td></td></tr>
<tr><td>核查结果</td><td colspan="8">允许偏差项目分值 10 分。
应得分合计：100
实得分合计：91
$$装饰装修工程允许偏差得分=\frac{实得分合计}{应得分合计}\times10=\frac{91}{100}\times10=9.1分$$
评价人员：××　　　　2015 年 12 月 12 日</td></tr>
</table>

注：H 为幕墙高度。

第四节　装饰装修工程观感质量

一、观感质量项目选择

装饰装修工程观感质量是整个装饰装修工程重点、装饰装修工程的整体效果，观感质量评价是起决定性的。占的应得分也多，将所有项目都列出来了。从地面、墙面、门窗幕墙、吊顶、隔墙、涂饰裱糊等项目共 9 项，并从细部工程、外檐、室内综合效果方面宏观列出项目，覆盖了全部装饰装修工程。为了核查方便，将各项目的检查细项也列出。不论是从已完工分部（子分部）工程的观感评定资料核查，还是从实体工程核查都很方便，不用增减项目，就按表列项目核查就行了。有的项目没有可不查，但各项目的应得分不变。

二、观感质量项目判定

1. 按“观感质量”基本评价方法判定

检查标准：每个检查项目以随机抽取的检查点按“好”、“一般”给出评价。项目检查点 90％及其以上达到“好”，其余检查点达到“一般”的应为一档，取100%的分值；项目检查点80%及其以上达到“好”，但不足90%，其余检查点达到“一般”的应为二档，取70%的分值。

检查方法：核查分部（子分部）工程质量验收资料。

2. 具体检查判定时，按表列项目逐项核查评价，可按已验收分部（子分部）工程质量资料按表列项目核查，也可对实体工程，划分成“处”“点”进行核查评价。综合评价各项目“好”“一般”的点，优良工程不允许出现“差”的点。

三、将各观感质量项目核查结果，填入“装饰装修工程观感质量项目及评分表”表6-4，计算求得观感质量项目的得分。

装饰装修工程观感质量项目及评分表　　表6-4

<table>
<tr><td colspan="2">工程名称</td><td colspan="2">××××</td><td colspan="2">建设单位</td><td colspan="2">××××</td></tr>
<tr><td colspan="2">施工单位</td><td colspan="2">××××</td><td colspan="2">评价单位</td><td colspan="2">××××</td></tr>
<tr><td rowspan="2">序号</td><td colspan="2" rowspan="2">检查项目</td><td rowspan="2">应得分</td><td colspan="2">判定结果</td><td rowspan="2">实得分</td><td rowspan="2">备注</td></tr>
<tr><td>100%</td><td>70%</td></tr>
<tr><td>1</td><td>地面</td><td>表面、分格缝、图案、有排水要求的地面的坡度、块材色差、不同材质分界缝</td><td>10</td><td>10</td><td></td><td>10</td><td>好15点
一般1点</td></tr>
<tr><td rowspan="2">2</td><td>墙面抹灰</td><td>表面、护角、阴阳角、分隔缝、滴水线槽</td><td rowspan="2">10</td><td rowspan="2"></td><td rowspan="2">7</td><td rowspan="2">7</td><td rowspan="2">好4点
一般1点</td></tr>
<tr><td>饰面板（砖）</td><td>排砖、表面质量、勾缝嵌缝、细部、边角</td></tr>
<tr><td rowspan="2">3</td><td>门窗</td><td>安装固定、配件、位置、构造、玻璃质量、开启及密封</td><td rowspan="2">10</td><td rowspan="2">10</td><td rowspan="2"></td><td rowspan="2">10</td><td rowspan="2">好9点
一般1点</td></tr>
<tr><td>幕墙</td><td>主要构件外观、节点做法、玻璃质量、固定、打胶、配件、开启密闭</td></tr>
<tr><td>4</td><td>吊顶</td><td>图案、颜色、灯具设备安装位置、交接缝处理、吊杆龙骨外观</td><td>10</td><td></td><td>7</td><td>7</td><td>好8点
一般2点</td></tr>
<tr><td>5</td><td>轻质隔墙</td><td>位置、墙面平整、连接件、接缝处理</td><td>10</td><td></td><td>7</td><td>7</td><td>好4点
一般1点</td></tr>
</table>

续表

序号	检查项目		应得分	判定结果		实得分	备注
				100%	70%		
6	涂饰工程、裱糊与软包	表面质量、分色规矩、色泽协调 端正、边框、拼角、接缝、平整、对花规矩	10		7	7	好5点 一般1点
7	细部工程	柜、盒、护罩、栏杆、花式等安装、固定和表面质量	10	10		10	好10点 一般0点
8	外檐观感	室外墙面、大角、墙面横竖线(角)及滴水槽(线)、散水、台阶、雨罩、变形缝和泛水等	15	15		15	好9点 一般1点
9	室内观感	地面、墙面、墙面砖、顶棚、涂料、饰物、线条及不同做法的交接过渡、变形缝等	15	15		15	好18点 一般2点
	合计得分		100	60	28	88	
核查结果	观感质量项目分值40分。 应得分合计:100 实得分合计:88 装饰装修工程观感质量得分$=\frac{实得分合计}{应得分合计}\times 40=\frac{88}{100}\times 40=35.2$分 评价人员:××　　2015年12月12日						

第七章　安装工程质量评价内容介绍及举例

第一节　给水排水及供暖工程

一、给水排水及供暖工程性能检测

（一）性能检测项目选择

给水排水及供暖工程内容较多，包括给水系统、排水系统、供暖系统、消防栓系统等，有承压管道、非承压管道、有热水系统及冷水系统等。

性能检测项目选择了承压管道的压力试验、非承压管道的满水试验；给水管道的通水试验、水质检测；排水管道干管通球试验、系统通水试验、卫生器具满水试验；消防管道设备系统压力试验及试射试验；供暖管道、锅炉系统、散热器压力试验、系统调试、试运行、安全阀、报警装置联动系统测试等项目。

这些项目是有关管道安全、使用功能保证的。必须检验合格才能投入使用。给水排水系统通常都有，供暖系统若没有即不检查。判定结果得分可用实得分除以应得分求得。

（二）性能检测项目判定

1. 按“性能检测”基本评价方法判定

检查标准：检查项目的检测指标一次检测达到设计要求及规范规定的应为一档，取100%的分值；按相关规范规定，经过处理后满足设计要求及规范规定的应为二档，取70%的分值。

检查方法：核查性能检测报告。

2. 具体检查判定时，先按表列项目确定有的项目，核查相应各项的检测报告，其数据和结论符合设计要求和规范规定，由于表格项目列的比较全，通常情况不必增加项目，没有的项目可不查，按表列项目逐项核定，符合设计要求和规范规定即可。

本工程各系统都有，检测项目是齐全的。各检测报告审查符合规范规定和设计要求，个别灌水试验二次通过检测，在锅炉系统试验中，经过多次试验调整才符合要求。

（三）将各性能检测项目核查结果，填入“给水排水及供暖工程性能检测项目及评分表”表 7-1，计算求得性能检测项目的得分。

给水排水及供暖工程性能检测项目及评分表　　表 7-1

<table>
<tr><td>工程名称</td><td colspan="2">××××</td><td colspan="2">建设单位</td><td colspan="2">××××</td></tr>
<tr><td>施工单位</td><td colspan="2">××××</td><td colspan="2">评价单位</td><td colspan="2">××××</td></tr>
<tr><td rowspan="2">序号</td><td rowspan="2">检查项目</td><td rowspan="2">应得分</td><td colspan="2">判定结果</td><td rowspan="2">实得分</td><td rowspan="2">备注</td></tr>
<tr><td>100%</td><td>70%</td></tr>
<tr><td>1</td><td>给水管道系统通水试验、水质检测</td><td>10</td><td>10</td><td></td><td>10</td><td rowspan="6"></td></tr>
<tr><td>2</td><td>承压管道、消防管道设备系统水压试验</td><td>30</td><td>30</td><td></td><td>30</td></tr>
<tr><td>3</td><td>非承压管道和设备灌水试验，排水干管管道通球、系统通水试验、卫生器具满水试验</td><td>30</td><td></td><td>21</td><td>21</td></tr>
<tr><td>4</td><td>消火栓系统试射试验</td><td>10</td><td>10</td><td></td><td>10</td></tr>
<tr><td>5</td><td>锅炉系统、供暖管道、散热器压力试验、系统调试、试运行、安全阀、报警装置联动系统测试</td><td>20</td><td></td><td>14</td><td>14</td></tr>
<tr><td></td><td>合计得分</td><td>100</td><td>50</td><td>35</td><td>85</td></tr>
<tr><td>核查结果</td><td colspan="6">性能检测项目分值 40 分。
应得分合计：100
实得分合计：85
给水排水及供暖工程性能检测得分$=\frac{\text{实得分合计}}{\text{应得分合计}}\times 40=\frac{85}{100}\times 40=34$ 分
评价人员：××　　2015 年 12 月 12 日</td></tr>
</table>

二、给水排水及供暖工程质量记录

（一）质量记录项目选择

工程包括三大部分内容，给水、排水及供暖，都各成系统，由管道、设备、器具组成。

1. 材料设备合格证、进场验收记录及复试报告

主要是管材及配件、设备及器具出厂合格证、进场验收记录、合格证要符合订货合同要求，规格、材质等对照合格证验证，进场验收要检查包装、数量、外观、规格配套质量等与订货合同的一致等，形成验收记录。设备、器具须试压的进行压力试验，形成试验报告。

2. 施工记录

施工过程的主要工作主要环节的施工记录，有管道安装固定施工记录及穿墙、穿楼板套管施工记录、供热管道补偿器拉伸记录、给水管道的消毒、冲洗施工记录，以及要求有隐蔽工程的验收记录等。

3. 施工试验

选择了管道阀门、设备强度和严密性试验记录，给水、排水系统通水、满水试验记录，以及水泵安装试运转记录等。

这些项目已比较全了，重要项目基本都有了，核查时就按表列项目核查即可。没有的项目可不查。

（二）质量记录项目判定

1. 按“质量记录”基本评价方法判定

检查标准：材料、设备合格证、进场验收记录及复试报告、施工记录及施工试验等资料完整，能满足设计要求及规范规定的应为一档，取100％的分值；资料基本完整并能满足设计及规范要求的应为二档，取70％的分值。

检查方法：核查资料的项目、数量及数据内容。

2. 具体检查判定时，首先按表列项目检查材料的项目；再核查资料的数量能否覆盖到工程各部位的要求；再核查资料的内容，其数据和结论能否满足设计要求和规范规定。在合格证、进场验收记录、抽样复试报告符合规范规定的程度，来判定资料的质量。

施工记录：检查其施工过程质量控制情况，主要过程、环节的过程质量形成的情况等，记录应完整；

施工试验：核查相关设备、配件及安装过程的试验报告，其结论符合设计要求及相关规范规定。

本工程各项目都有，各检查项目是全的。各项资料符合设计要求及规范规定。其中有的管材、器具合格证不清晰，部分穿楼板套管施工记录不详细。

（三）将质量记录项目判定结果，填入“给水排水及供暖工程质量记录项目及评分表”表7-2，计算求得质量记录项目的得分。

给水排水及供暖工程质量记录项目及评分表　　表7-2

<table>
<tr><td colspan="2">工程名称</td><td>××××</td><td colspan="2">建设单位</td><td colspan="3">××××</td></tr>
<tr><td colspan="2">施工单位</td><td>××××</td><td colspan="2">评价单位</td><td colspan="3">××××</td></tr>
<tr><td rowspan="2">序号</td><td rowspan="2" colspan="2">检查项目</td><td rowspan="2">应得分</td><td colspan="2">判定结果</td><td rowspan="2">实得分</td><td rowspan="2">备注</td></tr>
<tr><td>100%</td><td>70%</td></tr>
<tr><td rowspan="2">1</td><td rowspan="2">材料、设备合格证、进场验收记录及复试报告</td><td>管材及配件出厂合格证，进场验收记录</td><td rowspan="2">30</td><td rowspan="2"></td><td rowspan="2">21</td><td rowspan="2">21</td><td rowspan="2">管材、器具合格证有的不清晰</td></tr>
<tr><td>器具及设备出厂合格证，进场验收记录</td></tr>
<tr><td rowspan="4">2</td><td rowspan="4">施工记录</td><td>主要管道施工及管道穿墙穿楼板套管安装施工记录</td><td rowspan="4">30</td><td rowspan="4"></td><td rowspan="4">21</td><td rowspan="4">21</td><td rowspan="4">穿墙、楼板记录不详细</td></tr>
<tr><td>补偿器预拉伸记录</td></tr>
<tr><td>给水管道冲洗、消毒记录</td></tr>
<tr><td>隐蔽工程验收记录</td></tr>
<tr><td rowspan="3">3</td><td rowspan="3">施工试验</td><td>管道阀门、设备强度和严密性试验</td><td rowspan="3">40</td><td rowspan="3">40</td><td rowspan="3"></td><td rowspan="3">40</td><td rowspan="3"></td></tr>
<tr><td>给水系统及排水系统通水、满水试验</td></tr>
<tr><td>水泵安装试运转</td></tr>
<tr><td></td><td colspan="2">合计得分</td><td>100</td><td>40</td><td>42</td><td>82</td><td></td></tr>
<tr><td>核查结果</td><td colspan="7">质量记录项目分值20分。
应得分合计：100
实得分合计：82
给水排水及供暖工程质量记录得分$=\frac{实得分合计}{应得分合计}\times 20=\frac{82}{100}\times 20=16.4$分
评价人员：××　　2015年12月12日</td></tr>
</table>

三、给水排水及供暖工程允许偏差

（一）允许偏差项目选择

给水排水及供暖工程的允许偏差选择，主要选择了安装完成后能看到的、影响使用功能及观感的项目。

选择了给水管道、排水管道的不同材质管道的安装坡度；供暖管及散热器支管的坡度，坡度坡向利于排水的方向；

选择了箱式消火栓的高度与垂直度偏差，使看上去端正；

选择了卫生器具、淋浴器的安装高度偏差，有利于使用功能。

若实际工程中，设计有要求时，可由施工、监理确定增加项目，列入相应项目中。没有的项目可不检查，但各项目的应得分不变。

（二）允许偏差项目判定

1. 按“允许偏差”基本评价方法判定

检查标准：检查项目90％及以上测点实测值达到规范规定值的应为一档，取100％的分值；检查项目80％及以上测点实测值达到规范规定值，但不足90％的应为二档，取70％的分值。

检查方法：在各相关检验批中，随机抽取5个检验批，不足5个的取全部进行核查。

2. 具体检查判定时，先按表检查工程中各项目，确定有的项目，检查检验批质量验收记录，将有的项目实测值进行摘取，并与规范规定值比较，将达到规范规定的允许偏差实测值，进行计算各项目达到规范规定的比例。

本工程各项目都有。卫生器具、消火栓安装高度偏差有的欠缺。

（三）将允许偏差项目判定结果，填入“给水排水及供暖工程允许偏差项目及评分表”表7-3，计算求得允许偏差项目的得分。

给水排水及供暖工程允许偏差项目及评分表　　表 7-3

<table>
<tr><td colspan="2">工程名称</td><td colspan="2">××××</td><td colspan="1">建设单位</td><td colspan="2">××××</td></tr>
<tr><td colspan="2">施工单位</td><td colspan="2">××××</td><td colspan="1">评价单位</td><td colspan="2">××××</td></tr>
<tr><td rowspan="2">序号</td><td rowspan="2">检查项目</td><td rowspan="2">应得分</td><td colspan="2">判定结果</td><td rowspan="2">实得分</td><td rowspan="2">备注</td></tr>
<tr><td>100%</td><td>70%</td></tr>
<tr><td>1</td><td>管道坡度：给水管为 2‰～5‰
排水管铸铁管为 5‰～35‰；排水管塑料管为 4‰～25‰
供暖管为不小于 5‰；散热器支管为 1%。坡向利于排水</td><td>50</td><td>50</td><td></td><td>50</td><td></td></tr>
<tr><td>2</td><td>箱式消火栓安装位置
高度偏差为±15mm
垂直度偏差为 3mm</td><td>20</td><td></td><td>14</td><td>14</td><td>高度偏差 84%</td></tr>
<tr><td>3</td><td>卫生器具、淋浴器安装高度偏差为±15mm</td><td>30</td><td></td><td>21</td><td>21</td><td>卫生器具高差 80%</td></tr>
<tr><td></td><td>合计得分</td><td>100</td><td>50</td><td>35</td><td>85</td><td></td></tr>
<tr><td>核查结果</td><td colspan="6">允许偏差项目分值 10 分。
应得分合计：100
实得分合计：85
给水排水及供暖工程允许偏差得分 $=\frac{\text{实得分合计}}{\text{应得分合计}}\times 10=\frac{85}{100}\times 10=8.5$ 分
评价人员：××　　2015 年 12 月 12 日</td></tr>
</table>

四、给水排水及供暖工程观感质量

（一）观感质量项目选择

按照给水、排水及供暖工程的内容，观感质量检查选择了全部能看到的内容：

选择了管道安装及支架、卫生器具给水、排水配件安装，设备及配件安装；

选择了管道、支架、设备的防腐及保温；

选择了特别的部位，有排水要求地面的坡度排水口、地漏的设置情况，管道穿墙、穿楼板接口处套管等设置情况。

观感质量按表列项目检查就够了，不必再增加项目。没有的可不检查，但各项目应得分不变。

（二）观感质量项目判定

1. 按“观感质量”基本评价方法判定

检查标准：每个检查项目以随机抽取的检查点按“好”、“一般”给出评价。项目检查点 90%及其以上达到“好”，其余检查点达到“一般”的应为一档，取 100%的分值；项目检查点 80%及其以上达到“好”，但不足 90%，其余检查点达到“一般”的应为二档，取 70%的分值。

检查方法：核查分部（子分部）工程质量验收资料。

2. 具体检查判定时，按表的项目根据分部（子分部）质量验收资料核查，可按宏观情况总体评价判定，也有按实体工程各区段管道及配件安装、防腐保温情况分段判定，判定各项目的观感质量结果。评出各区段“好”“一般”的点，优良工程不允许出现“差”的点。

本工程各检查项目都有。卫生洁具及给水、排水配件安装的有些缺点。

（三）将观感质量项目判定结果，填入“给水排水及供暖工程观感质量项目及评分表”表 7-4，计算求得观感质量项目的得分。

给水排水及供暖工程观感质量项目及评分表　　表 7-4

工程名称	××××	建设单位	××××
施工单位	××××	评价单位	××××

序号	检查项目	应得分	判定结果		实得分	备注
			100%	70%		
1	给水、排水、供暖管道及支架安装	20		14	14	好 10 点一般 2 点
2	卫生洁具及给水、排水配件安装	20		14	14	好 8 点一般 2 点
3	设备及配件安装	20	20		20	好 10 点一般 0 点
4	管道、支架及设备的防腐及保温	10	10		10	好 9 点一般 1 点
5	有排水要求房间地面的排水口及地漏的设置	20	20		20	好 5 点一般 0 点
6	管道穿墙、穿楼板接口处	10	10		10	好 2 点一般 0 点
	合计得分	100	60	28	88	
检查结果	观感质量项目分值 30 分。 应得分合计：100 实得分合计：88 给水排水及供暖工程观感质量得分$=\frac{实得分合计}{应得分合计}\times 30=\frac{88}{110}\times 30=26.4$ 分 评价人员：××　　2015 年 12 月 12 日					

第二节　电 气 工 程

一、电气工程性能检测

（一）性能检测项目选择

电气工程的性能检测项目选择，主要突出用电安全和使用功能。

用电安全选择了接地装置、防雷装置的接地电阻测试及接地（等电位）联结导通性测试，剩余电流动作保护器测试，以及大型灯具固定及悬吊装过载测试等。

使用功能选择了照明全负荷试验，电气设备空载试运行和负荷试运行试验等。

选择项目包括了电气工程的用电安全和使用功能的主要项目，通常就按表列项目核查就行了。如设计有要求增加项目，由施工、监理等研究增加即可。没有的项目不检查，但各项目应得分不变。

（二）性能检测项目判定

1. 按“性能检测”基本评价方法判定

检查标准：检查项目的检测指标一次检测达到设计要求及规范规定的应为一档，取100%的分值；按相关规范规定，经过处理后满足设计要求及规范规定的应为二档，取70%的分值。

检查方法：核查性能检测报告。

2. 具体检查判定时，先按表列项目与工程实际对比，确定要核查的项目，并与相关检测报告对照核查性能检测项目，能否达到设计要求和规范规定，能达到设计要求和规范规定即可。

本工程全部项目都有，检测报告能达到规范规定值。

（三）将各性能检测项目核查结果，填入“电气工程性能检测项目及评分表”表7-5，计算求得性能检测项目的得分。

电气工程性能检测项目及评分表　　表 7-5

<table>
<tr><td colspan="2">工程名称</td><td colspan="2">××××</td><td colspan="2">建设单位</td><td>××××</td></tr>
<tr><td colspan="2">施工单位</td><td colspan="2">××××</td><td colspan="2">评价单位</td><td>××××</td></tr>
<tr><td rowspan="2">序号</td><td rowspan="2">检查项目</td><td rowspan="2">应得分</td><td colspan="2">判定结果</td><td rowspan="2">实得分</td><td rowspan="2">备注</td></tr>
<tr><td>100%</td><td>70%</td></tr>
<tr><td>1</td><td>接地装置、防雷装置的接地电阻测试及接地(等电位)联结导通性测试</td><td>20</td><td>20</td><td></td><td>20</td><td rowspan="5"></td></tr>
<tr><td>2</td><td>剩余电流动作保护器测试</td><td>20</td><td>20</td><td></td><td>20</td></tr>
<tr><td>3</td><td>照明全负荷试验</td><td>20</td><td>20</td><td></td><td>20</td></tr>
<tr><td>4</td><td>大型灯具固定及悬吊装置过载测试</td><td>20</td><td>20</td><td></td><td>20</td></tr>
<tr><td>5</td><td>电气设备空载试运行和负荷试运行试验</td><td>20</td><td>20</td><td></td><td>20</td></tr>
<tr><td></td><td>合计得分</td><td>100</td><td>100</td><td></td><td>100</td><td></td></tr>
<tr><td>核查结果</td><td colspan="6">性能检测项目分值 40 分。
应得分合计:100
实得分合计:100
$$电气工程性能检测得分=\frac{实得分合计}{应得分合计}\times 40=\frac{100}{100}\times 40=40分$$
评价人员:××　　2015 年 12 月 12 日</td></tr>
</table>

二、电气工程质量记录

(一) 质量记录项目选择

1. 材料、设备合格证、进场验收记录及复试报告

选择了电线材料、元件及器具的出厂合格证，要求按合同约定核查其技术指标，达到合同的约定；进场验收核对合格证、批量、数量、材料的包装及外观质量，形成验收记录，设备除了合格证，进场验收记录，按要求做复试检测，检测报告的结论要符合订货合同约定。

2. 施工记录

电气工程的施工记录，电气装置安装包括敷设管线、设备安装、元器件安装等在内的施工记录，把施工过程质量控制的重点记录下来，以备查对。

隐蔽工程验收记录。规范规定的重要部位隐蔽的检查记录，必要的监理应参加。

3. 施工试验

电线回路、设备、元器件的绝缘电阻测试；接地故障网络阻抗测试；及电气装置空载和负荷试运行等试验记录或报告。重要的测试项目放入性能检测项目了。

这些项目通常情况不必增加，没有的项目可不检查。如设计要求增加的项目，施工、监理研究列出项目。

（二）质量记录项目判定

1. 按“质量记录”基本评价方法判定

检查标准：材料、设备合格证、进场验收记录及复试报告、施工记录及施工试验等资料完整，能满足设计要求及规范规定的应为一档，取100％的分值；资料基本完整并能满足设计及规范要求的应为二档，取70％的分值。

检查方法：核查资料的项目、数量及数据内容。

2. 具体检查判定时，首先按表列项目检查材料的项目种类，有的就查，没有的项目不查；然后再查有的项目的资料数量能否满足覆盖到工程的要求；第三检查各资料中的内容，其数据和结论能否满足设计要求和规范规定。判定合格证、进场验收记录及有要求复试的材料中涉及的数量与工程中使用的相应材料的数量基本相符。

施工记录：先查该施工记录项目有没有。再查看有关施工记录的内容，其主要过程、环节质量形成的情况、施工条件的变化、有关施工试验、检查项目的时间、数量，操作质量控制措施执行落实情况等，记录完整。

施工试验，先检查表列项目施工的工程中有没有，再检查该有多少数量是否满足质量控制要求，再检查施工试验报告（记录）的内容、数量和结论符合相关规范规定。

本工程各项目都有。资料能满足覆盖到工程全部，有的规格电线合格证数量欠缺，隐蔽验收记录埋管位置标注不够，其他资料的内容符合设计要求和规范规定。

（三）将各项质量记录判定结果，填入“电气工程质量记录项目及评分表”表 7-6，计算求得质量记录项目的得分。

电气工程质量记录项目及评分表 **表 7-6**

<table>
<tr><td colspan="2">工程名称</td><td colspan="2">××××</td><td colspan="2">建设单位</td><td colspan="3">××××</td></tr>
<tr><td colspan="2">施工单位</td><td colspan="2">××××</td><td colspan="2">评价单位</td><td colspan="3">××××</td></tr>
<tr><td rowspan="2">序号</td><td rowspan="2" colspan="2">检查项目</td><td rowspan="2">应得分</td><td colspan="2">判定结果</td><td rowspan="2">实得分</td><td rowspan="2" colspan="2">备注</td></tr>
<tr><td>100%</td><td>70%</td></tr>
<tr><td rowspan="2">1</td><td rowspan="2">材料、设备合格证、进场验收记录及复试报告</td><td>材料、元件及器具出厂合格证及进场验收记录</td><td rowspan="2">30</td><td rowspan="2"></td><td rowspan="2">21</td><td rowspan="2">21</td><td rowspan="2" colspan="2">有 1～2 个规格电线合格证偏少</td></tr>
<tr><td>设备出厂合格证及进场验收记录，设备性能检测记录</td></tr>
<tr><td rowspan="2">2</td><td rowspan="2">施工记录</td><td>电气装置安装施工记录</td><td rowspan="2">30</td><td rowspan="2"></td><td rowspan="2">21</td><td rowspan="2">21</td><td rowspan="2" colspan="2">埋管位置标注不全</td></tr>
<tr><td>隐蔽工程验收记录</td></tr>
<tr><td rowspan="3">3</td><td rowspan="3">施工试验</td><td>导线、设备、元件、器具绝缘电阻测试记录</td><td rowspan="3">40</td><td rowspan="3">40</td><td rowspan="3"></td><td rowspan="3">40</td><td rowspan="3" colspan="2"></td></tr>
<tr><td>接地故障回路阻抗测试记录</td></tr>
<tr><td>电气装置空载和负荷运行试验记录</td></tr>
<tr><td></td><td colspan="2">合计得分</td><td>100</td><td>40</td><td>42</td><td>82</td><td colspan="2"></td></tr>
<tr><td>核查结果</td><td colspan="8">质量记录项目分值 20 分。
应得分合计：100
实得分合计：82
$$电气工程质量记录得分=\frac{实得分合计}{应得分合计}\times 20=\frac{82}{100}\times 20=16.4分$$
评价人员：×× 2015 年 12 月 12 日</td></tr>
</table>

三、电气工程允许偏差

（一）允许偏差项目选择

电气工程的允许偏差项目较少，能看到的更少，选了和功能及美观有关的柜、屏、台、箱、盘、板的安装垂直度，照明开关安装位置距门框边的位置。在各个房间都有项目不多，但每个项目的数量很多，可核查检验批质量验收记录。能达到规范规定，没有的项目可不查，通常也不必增加项目。

（二）允许偏差项目判定

1. 按“允许偏差”基本评价方法判定

检查标准：检查项目 90%及以上测点实测值达到规范规定值的应为一档，取 100%的分值；检查项目 80%及以上测点实测值达到规范规定值，但不足 90%的应为二档，取 70%的分值。

检查方法：在各相关检验批中，随机抽取 5 个检验批，不足 5 个的取全部进行核查。

2. 具体检查判定时，是检查表列项目对照检验批质量验收记录有的项目，将相应的项目允许偏差摘录，并与规范规定允许偏差值进行比较，将达到规范规定的允许偏差值点数，进行计算得出各项目达到规范规定的比例。

本工程各项目都有。柱、屏、台、盘、板的垂直度，有的是修整后达到要求的。

（三）将各允许偏差项目判定结果，填入“电气工程允许偏差项目及评分表”表 7-7，计算求得允许偏差项目的得分。

电气工程允许偏差项目及评分表 **表 7-7**

工程名称	××××			建设单位	××××	
施工单位	××××			评价单位	××××	
序号	检查项目	应得分	判定结果		实得分	备注
			100%	70%		
1	柜、屏、台、箱、盘安装垂直度偏差为 1.5‰	40		28	28	好 8 点 一般 2 点
2	照明开关安装位置距门框边缘宜为 0.15～0.2m	60	60		60	好 15 点 一般 0 点
	合计得分	100	60	28	88	
核查结果	允许偏差项目分值 10 分。 应得分合计：100 实得分合计：88 电气工程允许偏差得分 $=\frac{实得分合计}{应得分合计}\times10=\frac{88}{100}\times10=8.8$ 分 评价人员：×× 2015 年 12 月 12 日					

四、电气工程观感质量

（一）观感质量项目选择

电气安装工程的观感质量也较重要，不仅是功能要求，还要求有较高的观感效果。有的人叫“灯饰”，而且越来越重视了。所以，电气工程质量除了满足功能和安全要求外，观感质量也很重要。选择了能看到的和安全的项目，线管、线槽及支架、线缆敷设；开关、插座、灯具安装及接线；配电箱柜安装及接线；电气设备末端装置安装，以及接地系统的观感质量等。对观感质量绝对不是只是外观的检查，是电气安装的宏观、全面的检查，能打开检查的项目，应打开检查。

具体检查时，对照电气工程分部验收质量记录的资料进行核对。有的项目按规范要求核查判定，没有的项目可不核查，但各项目的应得分不变。

（二）观感质量项目判定

1. 按“观感质量”基本评价方法判定

检查标准：每个检查项目以随机抽取的检查点按“好”、“一般”给出评价。项目检查点 90%及其以上达到“好”，其余检查点达到“一般”的应为一档，取 100%的分值；项目检查点 80%及其以上达到“好”，但不足 90%，其余检查点达到“一般”的应为二档，取 70%的分值。

检查方法：核查分部（子分部）工程质量验收资料。

2. 具体核查判定时，按表列的项目，根据电气分部质量验收资料核查。可按宏观质量情况总体判定，也可按实体工程各区段安装情况分别判定。将各项目的观感质量结果，评出各项目“好”“一般”的点，优良工程不允许出现“差”的点。根据“好”“一般”点的数量，求得各项目的判定结果。

本工程各项目都有。其判定结果如表 7-8。

（三）将各观感质量项目判定结果，填入“电气工程观感质量项目及评分表”表 7-8，求得观感质量项目的得分。

电气工程观感质量项目及评分表　　　　表 7-8

工程名称	××××	建设单位	××××
施工单位	××××	评价单位	××××

序号	检查项目	应得分	判定结果		实得分	备注
			100%	70%		
1	电线管、桥架、母线槽及其支吊架安装	20		14	14	好 10 点 一般 2 点
2	导线及电缆敷设(含回路标识)	10	10		10	好 10 点 一般 0 点
3	接地系统安装(含接地连接、等电位联结)	20	20		20	好 9 点 一般 1 点
4	开关、插座安装及接线	10	10		10	好 19 点 一般 1 点
5	灯具及其他用电器具安装及接线	20	20		20	好 10 点 一般 0 点
6	配电箱、柜安装及接线	10		7	7	好 4 点 一般 1 点
7	电气设备末端装置的安装	10	10		10	好 3 点 一般 0 点
	合计得分	100	70	21	91	

核查结果：

观感质量项目分值 30 分。

应得分合计：100

实得分合计：91

$$电气工程观感质量得分=\frac{实得分合计}{应得分合计}\times 30=\frac{91}{100}\times 30=27.3分$$

评价人员：××　　　　2015 年 12 月 12 日

第三节　通风与空调工程

一、通风与空调工程性能检测

(一) 性能检测项目选择

通风与空调工程的系统多，内容多，相应的性能检测项目也多。选择只能在系统的最终性能方面来考虑，合并同类项，分成三个大类：空调水管道系统选择了管道系统水压试验；通风管道严密性、风量、温度测试；各种功能管道系统联合试运转与调试。将三种性能检测分别选择。如有设计要求可根据设计要求，施工、监理共同商定增加项目，列入表格相应项。没有的项目可不查，但各项目应得分不变。

（二）性能检测项目判定

1. 按“性能检测”基本评价方法判定

检查标准：检查项目的检测指标一次检测达到设计要求及规范规定的应为一档，取 100％的分值；按相关规范规定，经过处理后满足设计要求及规范规定的应为二档，取 70％的分值。

检查方法：核查性能检测报告。

2. 具体检查判定时，先按表核对确定工程中有的项目，空调水有热水、冷水及设备等，按设计要求的压力进行水压试验，核查水压试验报告；通风管道按设计要求进行严密性、风量、温度、清净度等测试，核查相应试验报告；各种功能空调系统按设计要求和规范规定分别进行试运转与调试，核查试运转与调试报告（记录）。对照表列项目，逐项核查达到设计要求和规范规定的情况，评定各性能检测项目。

本工程只有一般通风空调系统，舒适性、净化空调系统没有。各项试验报告符合设计要求及规范规定。

（三）将各性能检测项目判定结果，填入“通风与空调工程性能检测项目及评分表”表 7-9，计算求得性能检测项目的得分。

二、通风与空调工程质量记录

（一）质量记录项目选择

1. 材料、设备合格证、进场验收记录及复试报告。选择了空调水管道、风管的材料、部件、仪表、设备及保温材料合格证。进场核查合格证，其质量指标应与订货合同要求一致，进场验收查看外表质量，包装完好，以及数量等与合同一致，做好进场验收记录；保温材料的合格证与订货合同核对，性能等满足合同约定，其数量、外观、包装等，形成进场验收记录，要求复试的保温材料保温系数抽样复查，满足合同约定。没有的项目可不查，设计要求增加项目，施工、监理研究增加，但各项目应得分不变。

通风与空调工程性能检测项目及评分表 **表 7-9**

<table>
<tr><td>工程名称</td><td colspan="3">××××</td><td colspan="2">建设单位</td><td colspan="2">××××</td></tr>
<tr><td>施工单位</td><td colspan="3">××××</td><td colspan="2">评价单位</td><td colspan="2">××××</td></tr>
<tr><td rowspan="2">序号</td><td rowspan="2" colspan="2">检查项目</td><td rowspan="2">应得分</td><td colspan="2">判定结果</td><td rowspan="2">实得分</td><td rowspan="2">备注</td></tr>
<tr><td>100%</td><td>70%</td></tr>
<tr><td>1</td><td colspan="2">空调水管道系统水压试验</td><td>10</td><td>10</td><td></td><td>10</td><td></td></tr>
<tr><td>2</td><td colspan="2">通风管道严密性试验及风量、温度测试</td><td>30</td><td>30</td><td></td><td>30</td><td></td></tr>
<tr><td rowspan="5">3</td><td colspan="2">通风、除尘系统联合试运转与调试</td><td rowspan="5">60</td><td rowspan="5">60</td><td rowspan="5"></td><td rowspan="5">60</td><td rowspan="5">没有舒适性、净化空调系统</td></tr>
<tr><td colspan="2">空调系统联合试运转与调试</td></tr>
<tr><td colspan="2">制冷系统联合试运转与调试</td></tr>
<tr><td colspan="2">净化空调系统联合试运转与调试
洁净室洁净度测试</td></tr>
<tr><td colspan="2">防排烟系统联合试运转与调试</td></tr>
<tr><td></td><td colspan="2">合计得分</td><td>100</td><td>100</td><td></td><td>100</td><td></td></tr>
<tr><td>核查结果</td><td colspan="7">性能检测项目分值 40 分。
应得分合计：100
实得分合计：100
通风与空调工程性能检测得分 $=\frac{实得分合计}{应得分合计}\times 40=\frac{100}{100}\times 40=40$ 分
评价人员：×× 2015 年 12 月 12 日</td></tr>
</table>

2. 施工记录，选择了风管及部件的加工记录，管道系统、风管系统安装记录，空调设备及管道系统保温施工记录，重要的防火阀、防排烟阀、防爆阀等安装施工记录，以及有关设备的安装记录。主要工程的施工内容都包括了，按表列项目核查施工记录资料就行了。主要核对主要环节安装的措施落实，保证工程质量的情况，施工过程变化影响工程质量的情况。工程中没有的项目可不查，但各项目应得分不变。

3. 施工试验，选择了主要环节的试验检验，包括了阀门、空气能量回收装置，设备的试运转及调试、防火阀、防排烟阀等启闭联动试验等，保证功能质量。设计有要求时，施工、监理研究增加项目，表中项目没有的不检查，但各项目应得分不变。

（二）质量记录项目判定

1. 按“质量记录”基本评价方法判定

检查标准：材料、设备合格证、进场验收记录及复试报告、施工记录及施工试验等资料完整，能满足设计要求及规范规定的应为一档，取100％的分值；资料基本完整并能满足设计及规范要求的应为二档，取70％的分值。

检查方法：核查资料的项目、数量及数据内容。

2. 具体检查判定时，先按表列项目检查材料的项目，有的就查，没有的项目可不查；然后再查有的项目的资料数量能否满足覆盖到全部工程的要求。合格证，进场验收记录及有要求的复试报告的材料涉及的数量与工程中使用的相应材料的数量基本相符；第三核查各资料中的内容，其数据和结论能否满足设计要求和规范规定，来判定资料的质量。

施工记录，先核查该工程有的项目，再查相应项目有关施工记录的内容，其主要过程、环节质量形成的情况，施工条件变化、施工措施的落实情况，记录应完整。

施工试验，核查表列资料项目，工程中实际有的项目，与表列项目相比施工试验的报告（记录）有没有，再查该项目的施工试验资料的数据和结论，是否满足设计要求和规范规定。

本工程只有一般通风空调系统，没有舒适性、净化空调系统。各项资料基本符合设计要求及规范规定。风管材料合格证数量欠缺，风管安装记录不够详细，如标高控制没有。

（三）将各项质量记录判定结果，填入“通风与空调工程质量记录项目及评分表”表7-10，计算求得质量记录项的得分。

三、通风与空调工程允许偏差

（一）允许偏差项目选择

通风与空调工程允许偏差，选择了完工后能看到的项目，便于核查，风口尺寸的施工精度，圆形、矩形的偏差，风口水平安装的水平度和垂直度安装的垂直度，以及从安全控制选择了防火阀距墙面的距离允许偏差，来代表通风与空调工程的施工精度。核查按表的项目检查，不必增加项目，没有的项目可不查，但各项目应得分不变。

通风与空调工程质量记录项目及评分表　　　　表 7-10

<table>
<tr><td>工程名称</td><td colspan="2">××××</td><td colspan="2">建设单位</td><td colspan="3">××××</td></tr>
<tr><td>施工单位</td><td colspan="2">××××</td><td colspan="2">评价单位</td><td colspan="3">××××</td></tr>
<tr><td rowspan="2">序号</td><td colspan="2" rowspan="2">检查项目</td><td rowspan="2">应得分</td><td colspan="2">判定结果</td><td rowspan="2">实得分</td><td rowspan="2">备注</td></tr>
<tr><td>100%</td><td>70%</td></tr>
<tr><td>1</td><td>材料、设备合格证、进场验收记录及复试报告</td><td>材料、风管及其部件、仪表、设备出厂合格证及进场验收记录；保温材料合格证及进场验收记录</td><td>30</td><td></td><td>21</td><td>21</td><td>风管材料合格证偏少</td></tr>
<tr><td rowspan="6">2</td><td rowspan="6">施工记录</td><td>风管及其部件加工制作记录</td><td rowspan="6">30</td><td rowspan="6"></td><td rowspan="6">21</td><td rowspan="6">21</td><td rowspan="6">有的风管施工记录内容不够详细</td></tr>
<tr><td>风管系统、管道系统安装记录</td></tr>
<tr><td>空调设备、管道保温施工记录</td></tr>
<tr><td>防火阀、防排烟阀、防爆阀等安装记录</td></tr>
<tr><td>水泵、风机、空气处理设备、空调机组、制冷设备等设备安装记录</td></tr>
<tr><td>隐蔽工程验收记录</td></tr>
<tr><td rowspan="4">3</td><td rowspan="4">施工试验</td><td>阀门试验</td><td rowspan="4">40</td><td rowspan="4">40</td><td rowspan="4"></td><td rowspan="4">40</td><td rowspan="4"></td></tr>
<tr><td>空气能量回收装置试验</td></tr>
<tr><td>设备单机试运转及调试</td></tr>
<tr><td>防火阀、排烟阀(口)启闭联动试验</td></tr>
<tr><td></td><td colspan="2">合计得分</td><td>100</td><td>40</td><td>42</td><td>82</td><td></td></tr>
<tr><td>核查结果</td><td colspan="7">质量记录项目分值 20 分。
应得分合计：100
实得分合计：82
通风与空调工程质量记录得分＝$\frac{\text{实得分合计}}{\text{应得分合计}}\times 20=\frac{82}{100}\times 20=16.4$ 分
评价人员：××　　　　2015 年 12 月 12 日</td></tr>
</table>

（二）允许偏差项目判定

1. 按“允许偏差”基本评价方法判定

检查标准：检查项目 90%及以上测点实测值达到规范规定值

的应为一档，取100%的分值；检查项目80%及以上测点实测值达到规范规定值，但不足90%的应为二档，取70%的分值。

检查方法：在各相关检验批中，随机抽取5个检验批，不足5个的取全部进行核查。

2. 具体检查判定时，按表列项目对照检验批质量验收记录的相应项目，将允许偏差实测值进行摘录，按每个项目允许偏差实测值达到规范规定的比值，求得各允许偏差的结果。

本工程风口都为矩形。

（三）将各项允许偏差判定结果，填入“通风与空调工程允许偏差项目及评分表”表7-11，计算求得允许偏差项目的得分。

通风与空调工程允许偏差项目及评分表　　表7-11

<table>
<tr><td colspan="2">工程名称</td><td colspan="2">××××</td><td colspan="2">建设单位</td><td colspan="2">××××</td></tr>
<tr><td colspan="2">施工单位</td><td colspan="2">××××</td><td colspan="2">评价单位</td><td colspan="2">××××</td></tr>
<tr><td rowspan="2">序号</td><td rowspan="2">检查项目</td><td rowspan="2">应得分</td><td colspan="2">判定结果</td><td rowspan="2">实得分</td><td rowspan="2" colspan="2">备注</td></tr>
<tr><td>100%</td><td>70%</td></tr>
<tr><td>1</td><td>风口尺寸：
圆形 $\phi \leqslant 250$mm时，偏差为0～−2mm；
$\phi > 250$mm时，偏差为0～−3mm。
矩形 $L < 300$mm时，偏差为0～−1mm；
L 为300～800mm时，偏差为0～−2mm；
$L > 800$mm时，偏差为0～−3mm</td><td>40</td><td></td><td>28</td><td>28</td><td colspan="2">矩形风口偏差值测点达到80%，达不到90%</td></tr>
<tr><td>2</td><td>风口安装：
水平安装水平度偏差不大于3/1000，
垂直安装垂直度偏差不大于2/1000</td><td>30</td><td></td><td>21</td><td>21</td><td colspan="2" rowspan="2">水平风口偏差值测点达到80%，达不到90%</td></tr>
<tr><td>3</td><td>防火阀距墙表面的距离偏差不大于200mm</td><td>30</td><td>30</td><td></td><td>30</td></tr>
<tr><td></td><td>合计得分</td><td>100</td><td>30</td><td>49</td><td>79</td><td colspan="2"></td></tr>
<tr><td>核查结果</td><td colspan="7">允许偏差项目分值10分。
应得分合计：100
实得分合计：79
通风与空调工程允许偏差得分 $=\frac{实得分合计}{应得分合计}\times 10=\frac{79}{100}\times 10=7.9$ 分
评价人员：××　　　　2015年12月12日</td></tr>
</table>

四、通风与空调工程观感质量

（一）观感质量项目选择

通风与空调工程的观感质量项目较少，安装后凡是能看到的都应该核查，是宏观了解工程质量的情况，有些项目已隐蔽的，能看到多少算多少。表中列出了风管及风口安装；风管、部件支吊架安装；设备及配件安装；空调水管道系统安装；风管、管道穿墙、穿楼板的局部处理；以及风管、管道防腐保温的质量。基本上将项目都列出来了，进行宏观整体检查。对允许偏差项目少，也是补偿。核查时凡有的项目能看到的都应检查，没有的项目可不查，但各项目应得分不变。

（二）观感质量项目判定

1. 按“观感质量”基本评价方法判定

检查标准：每个检查项目以随机抽取的检查点按“好”、“一般”给出评价。项目检查点 90％及其以上达到“好”，其余检查点达到“一般”的应为一档，取 100％的分值；项目检查点 80％及其以上达到“好”，但不足 90％，其余检查点达到“一般”的应为二档，取 70％的分值。

检查方法：核查分部（子分部）工程质量验收资料。

2. 具体检查判定时，将各项目划分成若干“处”“点”，按照规范规定宏观评价各“点”达到规范规定的程度，按点评出“好”“一般”的点，优良工程不应出现“差”的点。也可对每个项目宏观检查判定达到规范规定的程度，评出“好”“一般”点的比例。核查时将分部工程质量验收资料的观感质量项目的评定结果，对各项目评出“好”“一般”点占的比例。

本工程各项目都有，核查结果见表 7-12。

（三）将各项观感质量判定结果，填入“通风与空调工程观感质量项目及评分表”表 7-12，计算求得观感质量项目的得分。

通风与空调工程观感质量项目及评分表　　　表 7-12

工程名称	××××			建设单位	××××	
施工单位	××××			评价单位	××××	
序号	检查项目	应得分	判定结果		实得分	备注
			100％	70％		
1	风管及风口安装	20	20		20	好 10 点 一般 0 点

续表

序号	检查项目	应得分	判定结果		实得分	备注
			100%	70%		
2	风管、部件、支吊架安装	20		14	14	好8点 一般2点
3	设备及配件安装	20	20		20	好10点 一般0点
4	空调水管道安装	10	10		10	好9点 一般1点
5	风管及管道穿墙穿楼板	10		7	7	好5点 一般1点
6	风管、管道防腐及保温	20	20		20	好10点 一般0点
	合计得分	100	70	21	91	
核查结果	观感质量项目分值30分。 应得分合计:100 实得分合计:91 通风与空调工程观感质量得分=$\frac{实得分合计}{应得分合计}\times30=\frac{91}{100}\times30=27.3$分 评价人员:××　　2015年12月12日					

第四节　电梯工程

一、电梯工程性能检测

（一）性能检测项目选择

电梯工程有电梯、人行道和自动扶梯，电梯又分为电力驱动和液压两种。电梯验收时，是以每台为一个单位来验收的，有几台梯综合起来算一个分部工程。

性能检测项目选择是以每台电梯、自动扶梯及人行道为单位列出的，表中列出了三项性能检测，每项中每个电梯都会有的。一是电气装置接地、绝缘电阻测试、保证电气安全的，电梯、自动扶梯都有；二是单梯性能系统运行试验；三是单梯性能运行试验及运行中的安全保护试验。每种梯的性能都会有，是哪种梯就按哪种梯检验，没有的不核查，但各项目应得分不变。

（二）性能检测项目判定

1. 按“性能检测”基本评价方法判定

检查标准：检查项目的检测指标一次检测达到设计要求及规范规定的应为一档，取100%的分值；按相关规范规定，经过处理后满足设计要求及规范规定的应为二档，取70%的分值。

检查方法：核查性能检测报告。

2. 具体检查判定时，先确定是哪种梯，再按分部工程质量验收资料中找出对应的电梯验收资料，核查其性能检测报告的数据和结论，能否满足规范规定，判定各检查项目结果。

各种梯的检测项目都应合格。优良主要是否一次检测通过，还是返修后通过。本工程是三台电力驱动电梯，是一次检测通过。

（三）将各项性能检测判定结果，填入“电梯工程性能检测项目及评分表”表7-13，计算求得性能检测项目的得分。

电梯工程性能检测项目及评分表 **表7-13**

<table>
<tr><td colspan="2">工程名称</td><td colspan="3">××××</td><td colspan="2">建设单位</td><td>××××</td></tr>
<tr><td colspan="2">施工单位</td><td colspan="3">××××</td><td colspan="2">评价单位</td><td>××××</td></tr>
<tr><td rowspan="2">序号</td><td rowspan="2" colspan="2">检查项目</td><td rowspan="2">应得分</td><td colspan="2">判定结果</td><td rowspan="2">实得分</td><td rowspan="2">备注</td></tr>
<tr><td>100%</td><td>70%</td></tr>
<tr><td>1</td><td colspan="2">电梯、自动扶梯、人行道电气装置接地、绝缘电阻测试</td><td>30</td><td>30</td><td></td><td>30</td><td rowspan="7"></td></tr>
<tr><td rowspan="2">2</td><td colspan="2">电力驱动、液压电梯安全保护测试、性能运行试验</td><td rowspan="2">40</td><td rowspan="2">40</td><td rowspan="2"></td><td rowspan="2">40</td></tr>
<tr><td colspan="2">自动扶梯、人行道自动停止运行测试、性能运行试验</td></tr>
<tr><td rowspan="3">3</td><td colspan="2">电力驱动电梯、限速器安全钳联动试验、电梯层门与轿门试验</td><td rowspan="3">30</td><td rowspan="3">30</td><td rowspan="3"></td><td rowspan="3">30</td></tr>
<tr><td colspan="2">液压电梯限速器安全钳联动试验，电梯层门与轿门试验</td></tr>
<tr><td colspan="2">自动扶梯、人行道性能试验</td></tr>
<tr><td></td><td colspan="2">合计得分</td><td>100</td><td>100</td><td></td><td>100</td></tr>
<tr><td>核查结果</td><td colspan="7">性能检测项目分值40分。
应得分合计：100
实得分合计：100
电梯工程性能检测得分 $=\frac{\text{实得分合计}}{\text{应得分合计}}\times 40=\frac{100}{100}\times 40=40$ 分
评价人员：××　　　　2015年12月12日</td></tr>
</table>

二、电梯工程质量记录

（一）质量记录项目选择

电梯工程是安装工程中最代表性的一项。其以每台电梯为一个验收单元，所有项目都以每台电梯来选择。质量记录也同样。

1. 材料、设备合格证、进场验收记录和安装使用技术文件。每台电梯产品出厂合格证、开箱单及开箱检查记录；重要（安全）零（部）件和材料合格证及型式试验证书；安装及使用维护说明书；电气原理及安装线路图、液压系统图等。

对电梯的主要材料、部件、设备的质量证明文件及安装、维护的技术文件应满足规范规定。按表列项目检查即可，没有的项目不检查。

2. 施工记录

选择了机房、井道土建交接检查记录；设备、零（部）件及电气装置安装施工记录；隐蔽工程验收记录等。对电梯的主要安装施工过程都包括了，没有的项目可不检查。

3. 施工试验

选择了安装过程设备、电气调整试验记录；整机空载，额定载荷，超载荷下运行试验记录。主要施工过程的试验都包括了。这些是电梯安装的主要施工试验，每台电梯都必须经过的。

每台电梯（电力驱动、液压）、人行道、自动扶梯，没有的项目不检查，三个项目的应得分值30、30、40分不变。

（二）质量记录项目判定

1. 按“质量记录”基本评价方法规定

检查标准：材料、设备合格证、进场验收记录及复试报告、施工记录及施工试验等资料完整，能满足设计及规范要求的应为一档，取100%的分值；资料基本完整并能满足设计及规范要求的应为二档，取70%的分值。

检查方法：核查资料的项目、数量及数据内容。

2. 具体检查判定时，先按表列项目核对资料项目；再分别核对各资料的数量与材料的数量，设备及零部件数量能否覆盖工程全部；第三核查各资料中的数据和结论是否满足规范规定和设计要求。

材料、施工记录是对施工过程，控制措施的落实，把工程质量的过程记录下来，说明质量是有控制的。

施工试验，说明施工过程管理是科学的，有控制手段的，其验收结果，说明质量是符合规范规定的。

有什么梯检查什么梯，全有全检查。本工程只有电力驱动电梯。

（三）将各项质量记录制定结果，填入“电梯工程质量记录项目及评分表”表 7-14，计算求得质量记录项目的得分。

电梯工程质量记录项目及评分表 **表 7-14**

<table>
<tr><td colspan="2">工程名称</td><td colspan="2">××××</td><td colspan="2">建设单位</td><td colspan="2">××××</td></tr>
<tr><td colspan="2">施工单位</td><td colspan="2">××××</td><td colspan="2">评价单位</td><td colspan="2">××××</td></tr>
<tr><td rowspan="2">序号</td><td rowspan="2" colspan="2">检查项目</td><td rowspan="2">应得分</td><td colspan="2">判定结果</td><td rowspan="2">实得分</td><td rowspan="2">备注</td></tr>
<tr><td>100%</td><td>70%</td></tr>
<tr><td rowspan="4">1</td><td rowspan="4">材料、设备合格证、进场验收记录和安装使用技术文件</td><td>电梯(整机)出厂合格证，开箱单及开箱检查记录</td><td rowspan="4">30</td><td rowspan="4">30</td><td rowspan="4"></td><td rowspan="4">30</td><td rowspan="4">资料齐全</td></tr>
<tr><td>重要(安全)零(部)件和材料出厂合格证及型式试验证书</td></tr>
<tr><td>安装说明书(图)和使用维护说明书</td></tr>
<tr><td>动力电路和安全电路的电气原理图、液压系统图</td></tr>
<tr><td rowspan="3">2</td><td rowspan="3">施工记录</td><td>机房、井道土建交接验收检查记录</td><td rowspan="3">30</td><td rowspan="3">30</td><td rowspan="3"></td><td rowspan="3">30</td><td rowspan="5">施工记录较完整</td></tr>
<tr><td>设备零部件、电气装置安装施工记录</td></tr>
<tr><td>隐蔽工程验收记录</td></tr>
<tr><td rowspan="2">3</td><td rowspan="2">施工试验</td><td>安装过程的设备、电气调整测试记录</td><td rowspan="2">40</td><td rowspan="2">40</td><td rowspan="2"></td><td rowspan="2">40</td></tr>
<tr><td>整机空载、额定载荷、超载荷下运行试验记录</td></tr>
<tr><td></td><td colspan="2">合计得分</td><td>100</td><td>100</td><td></td><td>100</td><td></td></tr>
<tr><td>核查结果</td><td colspan="7">质量记录项目分值 20 分。
应得分合计：100
实得分合计：100
$$\text{电梯工程质量记录得分}=\frac{\text{实得分合计}}{\text{应得分合计}}\times 20=\frac{100}{100}\times 20=20\text{分}$$
评价人员：×× 2015 年 12 月 12 日</td></tr>
</table>

三、电梯工程允许偏差

（一）允许偏差项目选择

电梯工程允许偏差项目较多，多与安全功能有关。电梯安装过程都要严格调试。在运行过程能接触到的一些项目，电梯选择了层门地坎与轿厢地坎之间的水平距离偏差；平层准确度的偏差；自动扶梯、人行道选择了扶手带的运行速度与相应梯级、踏板或胶带的速度运行偏差项目，来代表电梯的允许偏差项目。工程质量评优良标准是抽查，就表列的项目核查，不必增减项目。针对每台电梯、人行道已分别列出应得分值。

（二）允许偏差项目判定

1. 按“允许偏差”基本评价方法判定

检查标准：检查项目 90％及以上测点实测值达到规范规定值的应为一档，取 100％的分值；检查项目 80％及以上测点实测值达到规范规定值，但不足 90％的应为二档，取 70％的分值。

检查方法：在各相关检验批中，随机抽取 5 个检验批，不足 5 个的取全部进行核查。

2. 具体检查判定时：

检查标准：

（1）层门地坎至轿厢地坎之间的水平距离偏差为 0～＋3mm，且最大距离不大于 20mm 应为一档，取 100％的分值；偏差为 0～＋3mm，且最大距离大于 20mm，但严禁超过 35mm 应为二档，取 70％的分值。

（2）平层准确度。

额定速度 V≤0.63m/s 的交流双速电梯和其他调速方式的电梯；平层准确度偏差不超过±8mm 的应为一档，取 100％的分值；偏差超过±8mm，但不超过±15mm 的应为二档，取 70％的分值。

额定速度大于 0.63m/s 且小于等于 1.0m/s 的交流双速电梯：平层准确度偏差不超过±15mm 的应为一档，取 100％的分值；偏差超过±15mm，但不超过±30mm 的应为二档，取 70％的分值。

其他调速方式的电梯平层准确度同小于等于 0.63m/s 的交流双速电梯。

(3) 自动扶梯、人行道扶手带的运行速度相对梯级、踏板或胶带的速度允许偏差：偏差值在0～+0.5%的应为一档，取100%的分值；偏差值在0～+(0.5～2)%的应为二档，取70%的分值。

设计或电梯出厂安装要求有规定时，按出厂安装要求进行，并在安装前将标准列出来，施工、监理共同执行。

检查方法：核查试验记录。

按表列项目对照相关试验记录中的相应项目，将试验资料的数据实测值进行摘录，按每个允许偏差实测值达到检查标准的比值，算得各项允许偏差的结果。

本工程只有三台电力驱动梯。核查安装资料，按最低一台计算。

(三) 将各项允许偏差判定结果，填入"电梯工程允许偏差项目及评分表"表7-15，计算求得允许偏差项目的得分。

电梯工程允许偏差项目及评分表　　　表7-15

<table>
<tr><td colspan="3">工程名称</td><td colspan="2">××××</td><td colspan="2">建设单位</td><td colspan="2">××××</td></tr>
<tr><td colspan="3">施工单位</td><td colspan="2">××××</td><td colspan="2">评价单位</td><td colspan="2">××××</td></tr>
<tr><td rowspan="2">序号</td><td colspan="2" rowspan="2">检查项目</td><td rowspan="2">应得分</td><td colspan="2">判定结果</td><td rowspan="2">实得分</td><td rowspan="2" colspan="2">备注</td></tr>
<tr><td>100%</td><td>70%</td></tr>
<tr><td rowspan="2">1</td><td rowspan="2">电梯</td><td>层门地坎至轿厢地坎之间水平距离</td><td rowspan="2">100</td><td rowspan="2">100</td><td rowspan="2"></td><td rowspan="2">100</td><td rowspan="2" colspan="2">达到一档规定值</td></tr>
<tr><td>平层准确度</td></tr>
<tr><td>2</td><td colspan="2">自动扶梯、人行道扶手带的运行速度相对梯级、踏板或胶带的速度差</td><td>100</td><td>—</td><td></td><td>—</td><td colspan="2"></td></tr>
<tr><td></td><td colspan="2">合计得分</td><td>100</td><td>100</td><td></td><td>100</td><td colspan="2"></td></tr>
<tr><td>核查结果</td><td colspan="8">允许偏差项目分值10分。
应得分合计：100
实得分合计：100
电梯工程允许偏差得分 $=\frac{实得分合计}{应得分合计}\times10=\frac{100}{100}\times10=10$ 分
评价人员：××　　　2015年12月12日</td></tr>
</table>

四、电梯工程观感质量

(一) 观感质量项目选择

电梯观感质量项目，分为电梯及自动扶梯两方面。电梯选择轿厢内外、机房、井道及相关设备安装、门系统及层站设施的全部宏观项目的检查。自动扶梯选择了扶梯、人行道的外观、周边相关设施、机房（如有时）的全部宏观项目的检查。不必增加项目。在核查时，可按表列项目与分部工程质量验收资料的内容进行核查。也可对电梯实际进行宏观抽查核查，宏观进行评价。没有的项目可不查，但各项目应得分不变。

（二）观感质量项目判定

1. 按“观感质量”基本评价方法判定

检查标准：每个检查项目以随机抽取的检查点按“好”、“一般”给出评价。项目检查点90%及其以上达到“好”，其余检查点达到“一般”的应为一档，取100%的分值；项目检查点80%及其以上达到“好”，但不足90%，其余检查点达到“一般”的应为二档，取70%的分值。

检查方法：核查分部（子分部）工程质量验收资料。

2. 具体检查判定时，先按表列项目确定工程中有的项目，再按分部工程质量验收资料中观感质量的评价，确定达到的质量程度，也可按实际工程核查质量程度。第三按质量达到好的“点”比例，或宏观判定也行。确定每个观感项目核查结果。评优良工程检查点评出“好”“一般”的点，不能有“差”的点。

本工程只有三台电力驱动电梯。

（三）将各项观感质量项目判定结果，填入“电梯工程观感质量项目及评分表”表7-16，计算求得观感质量项目的得分。

电梯工程观感质量项目及评分表 **表7-16**

工程名称		××××		建设单位		××××	
施工单位		××××		评价单位		××××	
序号	检查项目		应得分	判定结果		实得分	备注
				100%	70%		
1	电力驱动、液压式电梯	外观	30			100	好15点 一般0点
		机房(如有时)及相关设备安装	30				好3点 一般0点
		井道及相关设备安装	20				好9点 一般1点
		门系统和层站设施安装	20				好15点 一般0点

续表

<table>
<tr><th rowspan="2">序号</th><th rowspan="2" colspan="2">检查项目</th><th rowspan="2">应得分</th><th colspan="2">判定结果</th><th rowspan="2">实得分</th><th rowspan="2">备注</th></tr>
<tr><th>100%</th><th>70%</th></tr>
<tr><td rowspan="3">2</td><td rowspan="3">自动扶梯、人行道</td><td>外观</td><td>40</td><td></td><td></td><td rowspan="3"></td><td rowspan="3"></td></tr>
<tr><td>机房及其设备安装</td><td>30</td><td></td><td></td></tr>
<tr><td>周边相关设施安装</td><td>30</td><td></td><td></td></tr>
<tr><td></td><td colspan="2">合计得分</td><td>100</td><td>100</td><td></td><td>100</td><td></td></tr>
<tr><td>核查结果</td><td colspan="7">观感质量项目分值 30 分。
应得分合计：100
实得分合计：100
电梯工程观感质量得分=$\frac{实得分合计}{应得分合计}\times30=\frac{100}{100}\times30=30$分
评价人员：××　　2015 年 12 月 12 日</td></tr>
</table>

注：电梯、自动扶梯、人行道应每台梯单独评价。

第五节　智能建筑工程

一、智能建筑工程性能检测

（一）性能检测项目选择

智能建筑工程智能系统项目较多，多数工程中的项目又不尽相同，确定各智能系统的质量、性能检测项目，选择了每个系统的性能检测项目，其工程中的智能系统按设计文件的要求确定。每个智能系统核查的三个质量指标，决定安全和使用功能的项目，即接地电阻测试、系统检测和系统集成检测。

（二）性能检测项目判定

1. 按“性能检测”基本评价方法判定

检查标准：检查项目的检测指标一次检测达到设计要求及规范规定的应为一档，取 100%的分值；按相关规范规定，经过处理后满足设计要求及规范规定的应为二档，取 70%的分值。

检查方法：核查性能检测报告。

2. 具体检查判定时，先按表列项目与工程实际对比，确定要核查的项目，并与该工程检测报告对照核查性能检测项目，能否达到设计要求和规范规定，逐项判定能否达到设计要求和规范规定。

检查标准：

接地电阻测试：一次检测达到设计要求的应为一档，取100%的分值；经整改达到设计要求的应为二档，取70%的分值。

系统检测、系统集成检测：按设计安装的系统应全部检测。火灾自动报警、安全防范、通信网络等系统应由专业检测机构进行检测。按先各系统后系统集成进行检测。系统检测、系统集成检测一次检测主控项目达到合格，一般项目中有不超过5%的项目经整改后达到要求的应为一档，取100%的分值；一次检测主控项目达到合格，一般项目中有超过5%项目，但不超过10%的项目经整改后达到要求的应为二档，取70%的分值。

各系统中以最低检测结果判定。只要有一系统为二档，整个智能建筑就为二档。可按设计的系统全部检测，也可抽测，因为是在合格验收的基础上核查。但应在抽查前确定抽查哪个系统。

本工程抽查三个系统，二个系统达到设计要求及规范规定。一个系统的系统集成检测有超过5%的项目整改后达到设计要求及规范规定。

检查方法：核查检测报告。

（三）将各项性能检测项目判定结果，填入“智能建筑工程性能检测项目及评分表”表7-17，计算求得性能检测项目的得分。

二、智能建筑工程质量记录

（一）质量记录项目选择

智能建筑的内容都是弱电系统，形成一定的功能。有材料、软件及设备等材料。

1. 材料、设备选择了相应的材料、设备、软件合格证。随机文件等资料及检查记录，包括产品生产许可证、产品说明书、软件资料、程序结构、调试使用及维护说明书等。这些资料文件能满足安装、调试、使用及维护要求等，形成进场验收记录。

智能建筑工程性能检测项目及评分表 **表 7-17**

<table>
<tr><td colspan="2">工程名称</td><td>××××</td><td>建设单位</td><td colspan="4">××××</td></tr>
<tr><td colspan="2">施工单位</td><td>××××</td><td>评价单位</td><td colspan="4">××××</td></tr>
<tr><td rowspan="2">序号</td><td colspan="2" rowspan="2">检查项目</td><td rowspan="2">应得分</td><td colspan="2">判定结果</td><td rowspan="2">实得分</td><td rowspan="2">备注</td></tr>
<tr><td>100%</td><td>70%</td></tr>
<tr><td>1</td><td colspan="2">接地电阻测试</td><td>20</td><td>20</td><td></td><td>20</td><td></td></tr>
<tr><td>2</td><td colspan="2">系统检测</td><td>40</td><td>40</td><td></td><td>40</td><td></td></tr>
<tr><td>3</td><td colspan="2">系统集成检测</td><td>40</td><td></td><td>28</td><td>28</td><td>一个系统有超过5%整改后通过</td></tr>
<tr><td></td><td colspan="2">合计得分</td><td>100</td><td>60</td><td>28</td><td>88</td><td></td></tr>
<tr><td>核查结果</td><td colspan="7">性能检测项目分值 40 分。
应得分合计：100
实得分合计：88
智能建筑工程性能检测得分 $=\frac{\text{实得分合计}}{\text{应得分合计}}\times 40=\frac{88}{100}\times 40=35.2$ 分
评价人员：××　　2015 年 12 月 12 日</td></tr>
</table>

2. 施工记录。选择了智能系统的施工记录重点是系统安装施工记录；隐蔽工程验收记录即系统检查记录。

3. 施工试验。选择了硬件、软件测试记录，系统运行试验记录。

这些项目已包括了智能系统的主要质量记录，实际评价时按表列项目检查，不必增加，因是抽查，没有的项目可不查，但各项目应得分不变。

（二）质量记录项目判定

1. 按“质量记录”基本评价方法判定

检查标准：材料、设备合格证、进场验收记录及复试报告、施工记录及施工试验等资料完整，能满足设计及规范要求的应为一档，取 100%的分值；资料基本完整并能满足设计及规范要求的应为二档，取 70%的分值。

检查方法：核查资料的项目、数量及数据内容。

2. 具体检查判定时，首先按表列项目检查工程中有的项目，确定检查项目，没有的不检查；其次检查抽查项目的资料数量，资料代表的材料、设备、软件数量与工程中使用的数量要基本一致；第三检查每项资料的内容、数据、结论是否满足设计要求和规范规定。

施工记录要满足说明系统安装过程的质量保证情况，随工检查记录说明工序质量都是合格的。

施工试验。硬件、软件产品测试，说明用上工程的产品是合格的，资料能覆盖工程所用产品；系统运行试验记录能说明系统运行调试的程序、性能满足设计要求，系统的功能满足使用。

按设计抽查的系统中有的项目，对系统分别检查。本工程抽查三个系统，材料、硬件、软件合格证、生产许可证，随机文件完整，进场验收记录完整；有少数规格的电线合格证数量偏少；施工记录、施工试验资料符合设计要求和规范规定。

（三）将各项质量记录判定结果，填入“智能建筑工程质量记录项目及评分表”表 7-18，计算求得质量记录项的得分。

智能建筑工程质量记录项目及评分表　　　　表 7-18

<table>
<tr><td colspan="2">工程名称</td><td>××××</td><td colspan="2">建设单位</td><td colspan="3">××××</td></tr>
<tr><td colspan="2">施工单位</td><td>××××</td><td colspan="2">评价单位</td><td colspan="3">××××</td></tr>
<tr><td rowspan="2">序号</td><td colspan="2" rowspan="2">检查项目</td><td rowspan="2">应得分</td><td colspan="2">判定结果</td><td rowspan="2">实得分</td><td rowspan="2">备注</td></tr>
<tr><td>100%</td><td>70%</td></tr>
<tr><td rowspan="2">1</td><td rowspan="2">材料、设备、软件合格证及进场验收记录</td><td>材料、设备、软件出厂合格证及进场验收记录</td><td rowspan="2">30</td><td rowspan="2"></td><td rowspan="2">21</td><td rowspan="2">21</td><td rowspan="2">电线合格证数量偏少</td></tr>
<tr><td>随机文件（设备生产许可证、产品说明书、软件资料、程序结构、调试使用、维护说明书）及检查记录</td></tr>
<tr><td rowspan="2">2</td><td rowspan="2">施工记录</td><td>系统安装施工记录</td><td rowspan="2">30</td><td rowspan="2">30</td><td rowspan="2"></td><td rowspan="2">30</td><td rowspan="2"></td></tr>
<tr><td>隐蔽工程验收记录</td></tr>
<tr><td rowspan="2">3</td><td rowspan="2">施工试验</td><td>硬件、软件产品设备测试记录</td><td rowspan="2">40</td><td rowspan="2">40</td><td rowspan="2"></td><td rowspan="2">40</td><td rowspan="2"></td></tr>
<tr><td>系统运行调试记录</td></tr>
<tr><td></td><td colspan="2">合计得分</td><td>100</td><td>70</td><td>21</td><td>91</td><td></td></tr>
<tr><td>核查结果</td><td colspan="7">质量记录项目分值 20 分。
应得分合计：100
实得分合计：91
智能建筑工程质量记录得分 $=\frac{实得分合计}{应得分合计}\times 20=\frac{91}{100}\times 20=18.2$ 分
评价人员：××　　　　2015 年 12 月 12 日</td></tr>
</table>

三、智能建筑工程允许偏差

（一）允许偏差项目选择

智能系统的允许偏差项目较少，又多数在线路安装方面，设备安装多为非固定设备。故选择了机柜、机架安装的垂直度；桥架及线槽安装的水平度、垂直度项目，来代表智能系统安装的精度，项目不必增加，有就检查，没有的可不检查。但各项目应得分不变。

（二）允许偏差项目判定

1. 按“允许偏差”基本评价方法判定

检查标准：检查项目 90％及以上测点实测值达到规范规定值的应为一档，取 100％的分值；检查项目 80％及以上测点实测值达到规范规定值，但不足 90％的应为二档，取 70％的分值。

检查方法：在各相关检验批中，随机抽取 5 个检验批，不足 5 个的取全部进行核查。

2. 具体检查判定时，按表列项目对照检查的工程检验批质量验收资料，有的项目将其摘录，抽查不少于 5 个检验批的资料，不足 5 个的全部摘录。按其满足规范规定值的比例进行判定各项目的结果。

本工程检查时，没分系统是宏观核查。有的机柜、机架垂直度不够，多数为非固定设备，桥架及线槽安装较好，水平度、垂直度符合规范规定。

（三）将各项允许偏差项目判定结果，填入“智能建筑工程允许偏差项目及评分表”表 7-19，计算求得允许偏差项目的得分。

四、智能建筑工程观感质量

（一）观感质量项目选择

观感质量是一个工程项目的宏观质量，包括所有能看到的，打开能看到的，能操作能动的项目，都是综合评价的项目。

选择了各系统的内容，综合布线、电源及接地线的安装；机柜、机架及配线架的安装；模块、信息插座等三项内容。检查这些项目的外观质量、功能质量、安全质量，以及总体效果等。

智能建筑工程允许偏差项目及评分表　　表 7-19

<table>
<tr><td>工程名称</td><td colspan="3">××××</td><td colspan="2">建设单位</td><td colspan="2">××××</td></tr>
<tr><td>施工单位</td><td colspan="3">××××</td><td colspan="2">评价单位</td><td colspan="2">××××</td></tr>
<tr><td rowspan="2">序号</td><td rowspan="2">检查项目</td><td rowspan="2">应得分</td><td colspan="2">判定结果</td><td rowspan="2">实得分</td><td colspan="2" rowspan="2">备注</td></tr>
<tr><td>100%</td><td>70%</td></tr>
<tr><td>1</td><td>机柜、机架安装垂直度偏差不应大于 3mm</td><td>50</td><td></td><td>35</td><td>35</td><td colspan="2" rowspan="2">机柜、机架垂直度偏差值达到 80%及以上，达不到 90%</td></tr>
<tr><td>2</td><td>桥架及线槽安装水平度不应大于 2mm；垂直度不应大于 3mm</td><td>50</td><td>50</td><td></td><td>50</td></tr>
<tr><td></td><td>合计得分</td><td>100</td><td>50</td><td>35</td><td>85</td><td colspan="2"></td></tr>
<tr><td>核查结果</td><td colspan="7">允许偏差项目分值 10 分。
应得分合计：100
实的分合计：85
智能建筑工程允许偏差得分$=\frac{实得分合计}{应得分合计}\times10=\frac{85}{100}\times10=8.5$分
评价人员：××　　2015 年 12 月 12 日</td></tr>
</table>

内容都包括了，检查时不必增加项目，没有的看不到的可不检查，但各项目应得分不变。

（二）观感质量项目判定

1. 按“观感质量”基本评价方法判定

检查标准：每个检查项目以随机抽取的检查点按“好”、“一般”给出评价。项目检查点 90%及其以上达到“好”，其余检查点达到“一般”的应为一档，取 100%的分值；项目检查点 80%及其以上达到“好”，但不足 90%，其余检查点达到“一般”的应为二档，取 70%的分值。

检查方法：核查分部（子分部）工程质量验收资料。

2. 具体检查判定时，按表列项目与该工程分部（子分部）工程质量验收资料的内容相对应的项目进行比较；将其“好”“一般”的点摘录，不能出现“差”的点。或对工程实体进行宏观核对，判定其质量水平，也可将各项目分别划分成若干“点”，进行检查判定各观感质量项目的结果。

观感质量检查不分系统，看到什么算什么，看不到的不检查。

（三）将各项观感质量项目判定结果，填入“智能建筑工程观感质量项目及评分表”表7-20，计算求得观感质量项目的得分。

智能建筑工程观感质量项目及评分表　　　　表 7-20

<table>
<tr><td colspan="2">工程名称</td><td colspan="2">××××</td><td colspan="2">建设单位</td><td colspan="2">××××</td></tr>
<tr><td colspan="2">施工单位</td><td colspan="2">××××</td><td colspan="2">评价单位</td><td colspan="2">××××</td></tr>
<tr><td rowspan="2">序号</td><td rowspan="2" colspan="2">检查项目</td><td rowspan="2">应得分</td><td colspan="2">判定结果</td><td rowspan="2">实得分</td><td rowspan="2">备注</td></tr>
<tr><td>100%</td><td>70%</td></tr>
<tr><td>1</td><td colspan="2">综合布线、电源及接地线等安装</td><td>35</td><td>35</td><td></td><td>35</td><td>好 19 点
一般 1 点</td></tr>
<tr><td>2</td><td colspan="2">机柜、机架和配线架安装</td><td>35</td><td></td><td>24.5</td><td>24.5</td><td>好 19 点
一般 4 点</td></tr>
<tr><td>3</td><td colspan="2">模块、信息插座安装</td><td>30</td><td>30</td><td></td><td>30</td><td>好 15 点
一般 0 点</td></tr>
<tr><td></td><td colspan="2">合计得分</td><td>100</td><td>65</td><td>24.5</td><td>89.5</td><td></td></tr>
<tr><td>核查结果</td><td colspan="7">观感质量项目分值 30 分。
应得分合计：100
实得分合计：89.5
智能建筑工程观感质量得分$=\frac{\text{实得分合计}}{\text{应得分合计}}\times 30=\frac{89.5}{100}\times 30=26.85$分
评价人员：××　　　　2015 年 12 月 12 日</td></tr>
</table>

第六节　燃 气 工 程

一、燃气工程性能检测

（一）性能检测项目选择

燃气工程现还没有配套的质量验收规范。为了评价一个建筑工程的完整性，是参照原验评标准 GBJ 302—88 及行业规范《家用燃气器具安装及验收规程》CJJ 12、《城镇燃气室内工程施工与质量验收规范》CJJ 94 和国家标准《城镇燃气设计规范》GB 50028 选择的各项评审内容。燃气工程安全及使用功能重点管理项目。

性能检测选择了燃气管道强度、严密性，防雷、防静电接地检测；燃气浓度检测报警、自动切断和通风设施项目；采暖、制冷、灶具熄火保护装置和排烟设施试验。一个是工程施工本身的质量安全；一个是设备本身的安全保护；一个是安全管理设施的配套来保证燃气的使用安全。选择的性能检测项目已将安全项目全覆盖了，不必再增加项目。没有的项目可不查，但各项目应得分不变。

（二）性能检测项目判定

1. 按“性能检测”基本评价方法判定

检查标准：检查项目的检测指标一次检测达到设计要求及规范规定的应为一档，取100%的分值；按相关规范规定，经过处理后满足设计要求及规范规定的应为二档，取70%的分值。

检查方法：核查性能检测报告。

2. 具体检查判定时，由于燃气工程是参照行业标准编制的评价指标，在标准中已全部列出。

检查标准：

（1）室内燃气管道强度试验应符合《城镇燃气室内工程施工与质量验收规范》CJJ 94 的规定：

明管敷设、暗埋或暗封敷设的引入管，用设计压力的 1.5 倍且不得低于 0.1MPa（或按设计要求压力）试压，在试验压力下稳压 1h，无压力降的应为一档，取100%的分值；经过整改二次试压达到无压力降规定的应为二档，取70%的分值。

（2）室内燃气管道严密性试验应符合《城镇燃气室内工程施工与质量验收规范》CJJ 94 的规定：

在压力试压合格后，严密性试验采用发泡剂检查，符合设计要求的应为一档，取100%的分值；经整改二次试验符合设计要求的应为二档，取70%的分值。

（3）燃气浓度检测报警器、自动切断阀和通风设施应符合《城镇燃气设计规范》GB 50028 及《城镇燃气室内工程施工与质量验收规范》CJJ 94 的规定：

燃气锅炉和冷热水机组用气场所经试验一次符合设计要求的应为一档，取100%的分值；经整改二次试验符合设计要求的应为二档，取70%的分值。

（4）采暖、制冷器具、灶具熄火保护装置和排烟设施应符合《城镇燃气设计规范》GB 50028 和《家用燃气器具安装及验收规程》CJJ 12 的规定：

经试验一次符合设计要求的应为一档，取100％的分值；经整改二次试验符合设计要求的应为二档，取70％的分值。

（5）防雷、防静电接地检测应符合《城镇燃气设计规范》GB 50028 的规定。

经试验一次符合设计要求的应为一档，取100％的分值；经整改二次试验符合设计要求的应为二档，取70％的分值。

检查方法：核查检测报告。

本工程各检测项目检查检测报告为一次检测达到设计要求和规范规定。

（三）将各项性能检测项目判定结果，填入“燃气工程性能检测项目及评分表”表7-21，计算求得性能检测项目的得分。

燃气工程性能检测项目及评分表 **表7-21**

工程名称	××××		建设单位	××××		
施工单位	××××		评价单位	××××		
序号	检查项目	应得分	判定结果		实得分	备注
			100％	70％		
1	燃气管道强度、严密性试验	50	50		50	
2	燃气浓度检测报警器、自动切断阀和通风设施试验	20	20		20	
3	采暖、制冷、灶具熄火保护装置和排烟设施试验	20	20		20	
4	防雷、防静电接地检测	10	10		10	
	合计得分	100	100		100	
核查结果	性能检测项目分值40分。 应得分合计：100 实得分合计：100 燃气工程性能检测得分＝$\frac{\text{实得分合计}}{\text{应得分合计}}\times 40=\frac{100}{100}\times 40=40$分 评价人员：××　　2015年12月12日					

二、燃气工程质量记录

（一）质量记录项目选择

1. 材料、设备合格证、进场验收记录和复试报告；

选择了管道、配件合格证及进场验收记录资料；设备、计量仪表合格，进场验收记录以及质量认证文件；报警器、自动切断阀等合格证、进场验收记录。这三项内容将燃气工程的主要材料、设备、仪表等包括了。合格证的技术数据应与订货合同一致，进场验收记录，查实物与合格证一致，数量、包装及材料、设备外观完好等。有质量认证的产品，应有产品认证文件。设计要求复试的应有复试报告。

2. 施工记录

选择了管道、支架施工记录，计量仪表、设备及支架安装记录；焊工资格文件及隐蔽工程验收记录等。将主要施工安装内容都包括了。施工记录内容能记录安装过程质量控制情况，自行检查记录等。主要施工过程都包括了。

3. 施工试验

选择了管道连接、管道与设备、仪表连接的试验记录；阀门试验记录、焊缝探伤检验记录；燃气管道、燃具与电气开关、插座的水平安全距离检查记录等。包括了主要设施、节点的安全管理。

质量记录项目通常不必再增加，如设计有要求时，施工、监理可共同商定增加项目。工程中没有的项目可不检查，但各项目应得分不变。

（二）质量记录项目判定

1. 按“质量记录”基本评价方法判定

检查标准：材料、设备合格证、进场验收记录及复试报告、施工记录及施工试验等资料完整，能满足设计及规范要求的应为一档，取100%的分值；资料基本完整并能满足设计及规范要求的应为二档，取70%的分值。

检查方法：核查资料的项目、数量及数据内容。

2. 具体检查判定时，首先按表列项目与工程资料项目核对，落实资料项目；其次再按项目分别对资料的数量、资料代表的材料、配件、仪表、设备的数量与工程用料数量相符；第三核查每项资料的数据、结论符合相关规范规定和设计要求。

施工记录项目资料能覆盖到主要施工过程，记录能说明各环节、过程质量控制的情况。施工记录项目资料包括了工程的主要环节、节点的质量要求，能说明施工过程质量控制效果。施工记录中焊工资格认证资料已超期，支架安装记录不完整。

施工试验的项目资料完整。各项资料符合设计要求和规范规定。

（三）将各项质量记录判定结果，填入“燃气工程质量记录项目及评分表”表7-22，计算求得质量记录项目的得分。

燃气工程质量记录项目及评分表　　　　表7-22

<table>
<tr><td colspan="2">工程名称</td><td>××××</td><td colspan="2">建设单位</td><td colspan="3">××××</td></tr>
<tr><td colspan="2">施工单位</td><td>××××</td><td colspan="2">评价单位</td><td colspan="3">××××</td></tr>
<tr><td rowspan="2">序号</td><td rowspan="2" colspan="2">检查项目</td><td rowspan="2">应得分</td><td colspan="2">判定结果</td><td rowspan="2">实得分</td><td rowspan="2">备注</td></tr>
<tr><td>100%</td><td>70%</td></tr>
<tr><td rowspan="3">1</td><td rowspan="3">材料、设备合格证及进场验收记录</td><td>管道、配件产品合格证，进场验收记录</td><td rowspan="3">30</td><td rowspan="3">30</td><td rowspan="3"></td><td rowspan="3">30</td><td rowspan="3"></td></tr>
<tr><td>设备、计量仪表合格证，质量认证文件，进场验收记录</td></tr>
<tr><td>报警器、自动切断阀合格证，进场验收记录</td></tr>
<tr><td rowspan="4">2</td><td rowspan="4">施工记录</td><td>管道、支架安装记录</td><td rowspan="4">30</td><td rowspan="4"></td><td rowspan="4">21</td><td rowspan="4">21</td><td rowspan="4">管道支架记录不够完整，焊工资格超期</td></tr>
<tr><td>计量仪表、设备及支架安装记录</td></tr>
<tr><td>焊工资格备案</td></tr>
<tr><td>隐蔽工程验收记录</td></tr>
<tr><td rowspan="3">3</td><td rowspan="3">施工试验</td><td>管道连接、管道与仪表、设备连接试验记录</td><td rowspan="3">40</td><td rowspan="3">40</td><td rowspan="3"></td><td rowspan="3">40</td><td rowspan="3"></td></tr>
<tr><td>阀门试验记录，焊缝射线探伤、超声波检验记录</td></tr>
<tr><td>燃气管道、燃具与电气开关、插座的水平安全距离检查记录</td></tr>
<tr><td></td><td colspan="2">合计得分</td><td>100</td><td>70</td><td>21</td><td>91</td><td></td></tr>
<tr><td>检查结果</td><td colspan="7">质量记录项目分值20分。
应得分合计：100
实得分合计：91
$$燃气工程质量记录得分=\frac{实得分合计}{应得分合计}\times 20=\frac{91}{100}\times 20=18.2分$$
评价人员：××　　　　2015年12月12日</td></tr>
</table>

三、燃气工程允许偏差

（一）允许偏差项目选择

燃气工程的安装允许偏差项目较多，多是为了保证安全的。评优良工程是抽查，在合格验收时，各项目已验收通过。所以，在评优良工程时选择了有代表性的项目，室内管道安装的主要偏差，燃气计量表安装主要偏差及灶具安装的主要偏差，来核查燃气工程允许偏差项目的质量。核查时按表列项目核查即可，不必增加项目，若有的项目没有可不查，但各项目应得分 30、30、40 分不变。因为燃气工程质量验收规范不配套，其允许偏差项目偏差值都摘录在表上了。

（二）允许偏差项目判定

1. 按“允许偏差”基本评价方法判定

检查标准：检查项目 90%及以上测点实测值达到规范规定值的应为一档，取 100%的分值；检查项目 80%及以上测点实测值达到规范规定值，但不足 90%的应为二档，取 70%的分值。

检查方法：在各相关检验批中，随机抽取 5 个检验批，不足 5 个的取全部进行核查。

2. 具体检查判定时，按表列项目与检查工程检验批质量验收资料，有的项目将其摘录，抽查不少于 5 个检验批的资料，不足 5 个的全部摘录。按其满足规范规定值的比例进行判定各项目的结果，没有的项目不查。

本工程管道安装允许偏差测点符合规范规定，已列到表上。

（三）将各项允许偏差判定结果，填入“燃气工程允许偏差项目及评分表”表 7-23，计算求得允许偏差项目的得分。

四、燃气工程观感质量

（一）观感质量项目选择

燃气工程的观感质量在工程的综合质量中，重点还是突出安全，在宏观质量检查时，应重视影响安全的因素。所以，选择了有代表性的项目。

燃气工程允许偏差项目及评分表　　　　表 7-23

<table>
<tr><td colspan="2">工程名称</td><td colspan="3">××××</td><td colspan="3">建设单位</td><td colspan="3">××××</td></tr>
<tr><td colspan="2">施工单位</td><td colspan="3">××××</td><td colspan="3">评价单位</td><td colspan="3">××××</td></tr>
<tr><td rowspan="2">序号</td><td rowspan="2" colspan="4">检查项目</td><td rowspan="2">应得分</td><td colspan="2">判定结果</td><td rowspan="2">实得分</td><td rowspan="2" colspan="2">备注</td></tr>
<tr><td>100%</td><td>70%</td></tr>
<tr><td rowspan="4">1</td><td rowspan="4">室内管道安装</td><td colspan="2">标高</td><td>±10mm</td><td rowspan="4">30</td><td rowspan="4"></td><td rowspan="4">21</td><td rowspan="4">21</td><td rowspan="4" colspan="2">测点值达到84%，达不到90%</td></tr>
<tr><td rowspan="2">立管垂直度</td><td>钢管</td><td>3mm/m 且≤8mm</td></tr>
<tr><td>铝塑复合管</td><td>2mm/m 且≤8mm</td></tr>
<tr><td>引入管阀门</td><td>阀门中心距地</td><td>±15mm</td></tr>
<tr><td rowspan="4">2</td><td rowspan="4">燃气计量表安装</td><td rowspan="2">＜25 m^3/n</td><td>表底距地面</td><td>±15mm</td><td rowspan="4">30</td><td rowspan="4">30</td><td rowspan="4"></td><td rowspan="4">30</td><td rowspan="4" colspan="2">＜25 m^3/n 各测点值达到90%以上</td></tr>
<tr><td>中心线垂直度</td><td>1mm</td></tr>
<tr><td rowspan="2">≥25 m^3/n</td><td>表底距地面</td><td>±15mm</td></tr>
<tr><td>中心线垂直度</td><td>表高的 0.4%</td></tr>
<tr><td rowspan="3">3</td><td rowspan="3">灶具安装</td><td colspan="2">灶具与墙净距</td><td>≥10cm</td><td rowspan="3">40</td><td rowspan="3">40</td><td rowspan="3"></td><td rowspan="3">40</td><td rowspan="3" colspan="2">各测点值达到100%</td></tr>
<tr><td colspan="2">灶具与侧面墙净距</td><td>≥15cm</td></tr>
<tr><td colspan="2">灶具与木家具、门窗净距</td><td>≥20cm</td></tr>
<tr><td></td><td colspan="4">合计得分</td><td>100</td><td>71</td><td>21</td><td>91</td><td colspan="2"></td></tr>
<tr><td>核查结果</td><td colspan="10">允许偏差项目分值 10 分。
应得分合计:100
实的分合计:91
$$燃气工程允许偏差得分=\frac{实得分合计}{应得分合计}\times10=\frac{91}{100}\times10=9.1分$$
评价人员:××　　　　2015 年 12 月 12 日</td></tr>
</table>

选择了燃气管道及支架安装（牢固、坡度）、计量仪表、灶具等的安装，燃气管道引入与其他管道间距。管道标识、烟道设置及排气管与周围的安全距离等，主要环节节点都包括了。在核查时按表列项目核查即可，不必增加项目，没有的项目可不查，但各项目应得分值不变。

（二）观感质量项目判定

1. 按“观感质量”基本评价方法判定

检查标准：每个检查项目以随机抽取的检查点按“好”、“一般”给出评价。项目检查点90%及其以上达到“好”，其余检查点达到“一般”的应为一档，取100%的分值；项目检查点80%及其以上达到“好”，但不足90%，其余检查点达到“一般”的应为二档，取70%的分值。

检查方法：核查分部（子分部）工程质量验收资料。

2. 具体检查判定时，按表列项目与检查工程分部（子分部）工程质量验收资料的内容相对应的项目进行比较，按其“好”“一般”的点摘录，评优良工程不能出现“差”的点。或对工程实体进行宏观核对，核查判定其质量水平，也可将工程的各项划分成若干“点”，进行检查，判定各项观感质量的结果。

观感评价“好”的点比例见表。

（三）将各项允许偏差项目判定结果，填入“燃气工程观感质量项目及评分表”表7-24，计算求得观感质量项目的得分。

燃气工程观感质量项目及评分表　　　　表7-24

工程名称	××××			建设单位	××××	
施工单位	××××			评价单位	××××	
序号	检查项目	应得分	判定结果		实得分	备注
			100%	70%		
1	燃气管道及支架安装(牢固、坡度)	10		7	7	好10点 一般2点
2	计量仪表、灶具等设备安装	20	20		20	好10点 一般0点

续表

序号	检查项目	应得分	判定结果		实得分	备注
			100%	70%		
3	燃气管道引入，与其他管道间距	20	20		20	好2点 一般0点
4	管道标识	10		7	7	好8点 一般2点
5	烟道设置	20	20		20	好10点 一般0点
6	排气管与周围安全距离	20	20		20	好10点 一般0点
	合计得分	100	80	14	94	
核查结果	观感质量项目分值30分。 应得分合计：100 实得分合计：94 $燃气工程观感质量得分=\frac{实得分合计}{应得分合计}\times 30=\frac{94}{100}\times 30=28.2分$ 评价人员：×× 2015年12月12日					

第八章　建筑节能工程质量评价内容介绍及举例

第一节　建筑节能工程性能检测

一、性能检测项目选择

建筑节能工程是一个全局性的质量要求，建筑节能标准本身没有工程，各项都在其他工程中。工程的每项内容都涉及，重点归纳起来，一是可以从外围护结构节能性能；二是外窗气密性；三是建筑设备系统的节能性能。这三项从材料、设备性能选择，安装质量的管理着手采取措施，达到工程的节能效果。

选择了外围护结构节能工程实体检验，外窗气密性现场实体检测，及建筑设备工程系统节能性能检验，来代表建筑节能的效果检测。建筑设备系统节能有什么项目查什么项目，但应得分不变。

这些项目代表了建筑节能的设计要求，不要再增加项目，按表列项目检查即可。

二、性能检测项目判定

1. 按“性能检测”基本评价方法判定

检查标准：检查项目的检测指标一次检测达到设计要求及规范规定的应为一档，取100%的分值；按相关规范规定，经过处理后满足设计要求及规范规定的应为二档，取70%的分值。

检查方法：核查性能检测报告。

2. 具体检查判定时，根据表列项目对照检查工程的性能检测报告进行核查，符合设计要求和规范规定的判定为符合要求。各项性能检测项目逐项判定。外围护结构、外窗气密性现场检测均应委托有资质的检测机构实施。检测程序和要求应符合《建筑节能工程施工质量验收规范》GB 50411 的有关规定。由于各项指标是在其他分部工程中，检测报告可到相关分部工程验收资料中查对。

本工程各项检测资料能达到完整。外围护结构、外窗气密性实体检测资料是 GB 50411 规范自行检测，有墙体、屋面、外门窗检测报告。设备系统参照了有关专业分部工程的性能测试资料。有采暖、配电及照明检测记录。

三、将各项性能检测项目判定结果，填入“建筑节能工程性能检测项目及评分表”表 8-1，计算求得性能检测项目的得分。

建筑节能工程性能检测项目及评分表 **表 8-1**

<table>
<tr><td colspan="2">工程名称</td><td colspan="2">××××</td><td colspan="2">建设单位</td><td>××××</td></tr>
<tr><td colspan="2">施工单位</td><td colspan="2">××××</td><td colspan="2">评价单位</td><td>××××</td></tr>
<tr><td rowspan="2">序号</td><td rowspan="2">检查项目</td><td rowspan="2">应得分</td><td colspan="2">判定结果</td><td rowspan="2">实得分</td><td rowspan="2">备注</td></tr>
<tr><td>100%</td><td>70%</td></tr>
<tr><td>1</td><td>外围护结构节能实体检验</td><td>40</td><td>40</td><td></td><td>40</td><td></td></tr>
<tr><td>2</td><td>外窗气密性现场实体检测</td><td>30</td><td>30</td><td></td><td>30</td><td rowspan="3"></td></tr>
<tr><td>3</td><td>建筑设备工程系统节能性能检验</td><td>30</td><td>30</td><td></td><td>30</td></tr>
<tr><td></td><td>合计得分</td><td>100</td><td>100</td><td></td><td>100</td></tr>
<tr><td>核查结果</td><td colspan="6">性能检测项目分值 40 分。
应得分合计：100
实得分合计：100
$建筑节能工程性能检测得分=\frac{实得分合计}{应得分合计}\times 40=\frac{100}{100}\times 40=40$ 分
评价人员：×× 2015 年 12 月 12 日</td></tr>
</table>

第二节 建筑节能工程质量记录

一、质量记录项目选择

1. 建筑材料、设备凡与节能有关系的主要项目，各有关分部工程应按设计要求和规范规定进行订货、进场验收及复试。选择了外墙体、外地面、屋面保温材料合格证、进场验收记录及复试报告，幕墙、门窗玻璃、保温材料，以及散热器、设备的性能合格证、进场验收记录及复试报告；材料应按设计要求进行订货，合格证的技术指标应符合合同的要求；进场验收检查合格证与实物质量及数量一致，数量、包装及外观质量，并做好记录；要求进行复试的，按设计要求和规范规定进行复试，性能要求要达到设计要求。合格证、进场验收记录及复试报告应交圈。

建筑材料各项材料多数是在各专业工程施工时订货，不是节能工程直接订货及验收材料、构配件、设备等。节能控制是分散的，是整个工程的节能效果。在这项工程验收时，可按照其他分部工程的资料来判定，从各相关分部工程资料中，按表列项目分别摘录。

2. 施工记录

建筑节能不仅材料、设备的质量要符合设计要求，安装节能构造施工也很重要，故施工记录要将施工中保证节能质量的环节及要点要做好，用施工记录来说明。主要选择了墙体、地面、屋面保温层的施工记录；外门窗与墙体间缝隙密封施工记录；幕墙保温施工记录；建筑设备系统安装记录，以及隐蔽工程验收记录等。如设计有要求时，由施工、监理根据设计要求增加项目，没有的项目可不查，但各项目应得分不变。施工记录要从各专业项目施工记录中选择，突出说明施工中的保证节能措施实施及达到节能要求的程度。

3. 施工试验

建筑节能要求的材料、设备性能、施工中的措施落实效果，还有系统试运行过程的控制，以及有关安全性的要求项目。重点选择了室外管网的热输送效率检测、室内温度控制检测、设备系统安装调试，以及节能监测检测与控制系统可靠性调试，还有保证安全的外墙保温层后置锚固件拉拔试验等的试验报告资料。用这些试验资料说明施工过程中，有效落实了有关措施，来实现建筑节能要求。

通常按表列项目检查，没有的可不查，但各项目应得分不变。

二、质量记录项目判定

1. 按“质量记录”基本评价方法判定

检查标准：材料、设备合格证、进场验收记录及复试报告、施工记录及施工试验等资料完整，能满足设计及规范要求的应为一档，取100%的分值；资料基本完整并能满足设计及规范要求的应为二档，取70%的分值。

检查方法：核查资料的项目、数量及数据内容。

2. 具体检查判定时，按表列项目对照检测工程的有关分部工程验收资料，对应表列项目的资料选择出来；再核查每个质量记录项目资料数量，要能满足覆盖工程的内容，如材料、设备的合格证、进场验收记录，有要求的复试报告中的数量要满足工程用料的要求；再查各资料的数据、结论在保温节能方面能否满足设计要求和规范规定。重点核查材料的节能性能。

施工记录能否覆盖到设计和施工方案要求的主要工序和环节，记录的内容能说明节能质量控制，达到节能质量目标的要求。重点是保证节能措施的施工记录内容。

施工试验，施工过程使用的材料、设备是合格的，施工工序环节的节能质量效果能用数据说明，能满足规范规定。

依据设计要求和规范规定质量记录逐项核查，达到符合节能要求。

质量记录项目是与其他分部工程共用的，本身没有特殊的质量记录，可按合格验收的结果，摘录复核。节能都能达到基本要求。

三、将各项质量记录判定结果，填入“建筑节能工程质量记录项目及评分表”表 8-2，计算求得质量记录项目的得分。

建筑节能工程质量记录项目及评分表　　表 8-2

<table>
<tr><td colspan="2">工程名称</td><td>××××</td><td colspan="2">建设单位</td><td colspan="3">××××</td></tr>
<tr><td colspan="2">施工单位</td><td>××××</td><td colspan="2">评价单位</td><td colspan="3">××××</td></tr>
<tr><td rowspan="2">序号</td><td rowspan="2" colspan="2">检查项目</td><td rowspan="2">应得分</td><td colspan="2">判定结果</td><td rowspan="2">实得分</td><td rowspan="2">备注</td></tr>
<tr><td>100%</td><td>70%</td></tr>
<tr><td rowspan="3">1</td><td rowspan="3">材料、设备合格证、进场验收记录及复试报告</td><td>墙体、地面、屋面保温材料合格证、进场验收记录及复试报告</td><td rowspan="3">30</td><td rowspan="3"></td><td rowspan="3">21</td><td rowspan="3">21</td><td rowspan="3">材料没有特别突出节能效果</td></tr>
<tr><td>幕墙、门窗玻璃、保温材料合格证、进场验收记录及复试报告</td></tr>
<tr><td>散热器、电气设备等设备性能合格证、进场验收记录及复试报告</td></tr>
</table>

续表

<table>
<tr><th rowspan="2">序号</th><th colspan="2" rowspan="2">检查项目</th><th rowspan="2">应得分</th><th colspan="2">判定结果</th><th rowspan="2">实得分</th><th rowspan="2">备注</th></tr>
<tr><th>100%</th><th>70%</th></tr>
<tr><td rowspan="5">2</td><td rowspan="5">施工记录</td><td>墙体、地面、屋面保温层施工记录</td><td rowspan="5">30</td><td rowspan="5"></td><td rowspan="5">21</td><td rowspan="5">21</td><td rowspan="5">接外地面没有施工记录，隐蔽工程资料记录太简单，节能内容太少</td></tr>
<tr><td>外门窗框与墙体间缝隙密封施工记录</td></tr>
<tr><td>幕墙保温施工记录</td></tr>
<tr><td>建筑设备系统安装记录</td></tr>
<tr><td>隐蔽工程验收记录</td></tr>
<tr><td rowspan="5">3</td><td rowspan="5">施工试验</td><td>室外管网的热输送效率检测报告</td><td rowspan="5">40</td><td rowspan="5"></td><td rowspan="5">28</td><td rowspan="5">28</td><td rowspan="5">外管网检测报告不够完整，室内温度检测数量少</td></tr>
<tr><td>室内温度检测报告</td></tr>
<tr><td>墙面保温层后置锚固件拉拔试验报告</td></tr>
<tr><td>设备系统安装调试报告</td></tr>
<tr><td>节能检测监测与控制系统可靠性能的调试报告</td></tr>
<tr><td>4</td><td colspan="2">合计得分</td><td>100</td><td></td><td>70</td><td>70</td><td></td></tr>
<tr><td>核查结果</td><td colspan="7">质量记录项目分值 30 分。
应得分合计：100
实得分合计：70
建筑节能工程质量记录得分 $=\frac{实得分合计}{应得分合计}\times 30=\frac{70}{100}\times 30=21$ 分
评价人员：××　　2015 年 12 月 12 日</td></tr>
</table>

第三节　建筑节能工程允许偏差

一、允许偏差项目选择

建筑节能涉及面大、范围广，但具体的偏差项目都与其他工程相联系，而突出节能的本身的项目较少，在各项目只与节能相关的进行选择。

一是选择了墙体、屋面、地面保温层厚度，及砌筑保温墙的灰缝砂浆饱满度；二是选择了室内温度差，通风口温度差，空调系统冷热水，冷却水总流量的偏差，平均温度与照明功率密度偏差等项目。

这些项目多数是实际检测值与设计值的比较，直接与节能相配合的。

本标准已将允许偏差项目摘录于表上，查对时从相应分部工程验收资料中摘录即可。

二、允许偏差项目判定

1. 按“允许偏差”基本评价方法判定

检查标准：检查项目 90%及以上测点实测值达到规范规定值的应为一档，取 100%的分值；检查项目 80%及以上测点实测值达到规范规定值，但不足 90%的应为二档，取 70%的分值。

检查方法：在各相关检验批中，随机抽取 5 个检验批，不足 5 个的取全部进行核查。

2. 具体检查判定时，按表列项目，将建筑节能验收时的检验批的项目摘录，一般抽取 5 个检验批，不够 5 个时，全部抽取，将相应项目的数据摘录。有些项目不在建筑节能项目时，可到建筑与结构、屋面、装饰装修、设备安装各有关检验批去找，判定出每个项目的结果。

三、将各项允许偏差项目判定结果，填入“建筑节能工程允许偏差项目及评分表”表 8-3，计算求得允许偏差项目的得分。

建筑节能工程允许偏差项目及评分表　　表 8-3

工程名称	××××	建设单位	××××
施工单位	××××	评价单位	××××

序号	检查项目	应得分	判定结果		实得分	备注
			100%	70%		
1	墙体保温层厚度应大于或等于设计值的 95%	30	30		30	100%测点值
2	屋面、地面保温层厚度应大于或等于设计值的 95%	20	20		20	100%测点值
3	砌筑保温墙水平灰缝砂浆饱满度应不小于 90%，竖缝应不小于 80%	10		7	7	82%测点值
4	室内温度差：冬季－2℃，＋1℃；夏季＋2℃，－1℃	10		7	7	80%测点值

续表

序号	检查项目	应得分	判定结果		实得分	备注
			100%	70%		
5	各风口风量偏差应不大于设计值的15%	10	10		10	100%测点值
6	平均温度与照明功率密度偏差应不大于设计值的10%	10	10		10	100%测点值
7	空调系统冷热水、冷却水总流量偏差应不大于10%	10		7	7	86%测点值
	合计得分	100	70	21	91	
核查结果	允许偏差项目分值10分 应得分合计:100 实的分合计:91 建筑节能工程允许偏差得分$=\frac{实得分合计}{应得分合计}\times10=\frac{91}{100}\times10=9.1$分 评价人员:××　　2015年12月12日					

第四节　建筑节能工程观感质量

一、观感质量项目选择

建筑节能工程与其他工程交织在一起，其分部工程质量验收没有观感质量项目，但在检验批验收项目中，一些项目都是观感检查，是看观感质量的。其观感质量同建筑与结构、安装工程都相关，都联系在一起了。节能观感质量检查尽量偏向于节能方面的。所以，选择了墙体、地面、屋面保温层、外围护节能构造，门窗框固定接缝密封，打胶、开闭等外围综合质量；幕墙保温材料铺设构造；散热器、管线安装；网管、风机盘管、机组安装、各种电器接线端子、接地线安装，以及节能监控系统安装等。

这些项目基本代表了建筑节能工程的主要内容。核查时，不必增减项目，没有的项目可不检查，但各项目应得分不变。

二、观感质量项目判定

1. 按“观感质量”基本评价方法判定

检查标准：每个检查项目以随机抽取的检查点按“好”、“一般”给出评价。项目检查点90%及其以上达到“好”，其余检查点达到“一般”的应为一档，取100%的分值；项目检查点80%及其以上达到“好”，但不足90%，其余检查点达到“一般”的应为二档，取70%的分值。

检查方法：核查分部（子分部）工程质量验收资料。

2. 具体检查判定时，建筑节能分部验收表中，没有观感项目，参照各检验批的质量指标来综合判定。也可对实体工程进行抽样核验。可按“点”检查，也可按项目宏观判定。按“好”“一般”综合判定，判定出各观感质量项目的结果。

三、将各项观感质量项目判定结果，填入“建筑节能工程观感质量项目及评分表”表8-4，求得观感质量项目的得分。

建筑节能工程观感质量项目及评分表 **表8-4**

工程名称	××××	建设单位	××××
施工单位	××××	评价单位	××××

序号	检查项目	应得分	判定结果		实得分	备注
			100%	70%		
1	墙体、地面、屋面保温层外围护节能构造	30	30		30	好15点 一般0点
2	门窗框固定、接缝密封、打胶、开闭	20	20		20	好19点 一般1点
3	幕墙保温材料铺设构造	10	—		—	
4	散热器、管线安装	10		7	7	好10点 一般2点
5	风管、风机盘管、机组安装	10		7	7	好10点 一般2点
6	各种电器接线端子及接地线安装	10	10		10	好10点 一般0点
7	节能监控系统安装	10	10		10	好5点 一般0点
	合计得分	90	70	14	84	

核查结果	观感质量项目分值20分 应得分合计：90 实得分合计：84 建筑节能工程观感质量得分 $=\frac{实得分合计}{应得分合计}\times20=\frac{84}{90}\times20=18.67$ 分 评价人员：×× 2015年12月12日

第九章 施工质量综合评价内容介绍及举例

第一节 结构工程质量评价

一、结构工程质量评价基本规定

1. 建筑工程施工质量评价应实施目标管理，健全质量管理体系，落实质量责任，完善控制手段，提高质量保证能力和持续改进能力。

2. 建筑工程质量管理应加强对原材料、施工过程的质量控制和结构安全、功能效果检验以及施工精度管理。具有完整的施工控制资料和质量验收资料。

3. 评优良的工程应完善检验批的质量验收，具有完整的施工操作依据和现场验收检查原始评定记录。

4. 建筑工程施工质量评价应对工程结构安全、使用功能、建筑节能和观感质量等进行综合核查。

5. 建筑工程施工质量评价应按分部、子分部工程进行。

6. 建筑工程施工质量评价的程序和组织应符合现行国家标准《建筑工程施工质量验收统一标准》GB 50300 的相关规定。

7. 结构工程质量应包括地基与基础工程和主体结构工程。在其分部（子分部）工程质量验收合格后进行。质量评价在合格验收的基础上抽查核定。核定抽查的内容可按相关表格规定的内容进行。地基与基础工程已包括了地下防水工程；主体结构工程常用的有混凝土结构、钢结构和砌体结构工程等。主体结构工程中，对钢管混凝土结构、型钢混凝土结构、铝合金结构、木结构等，由于目前使用较少，暂未列出。如实际工程中有可参照相关工程质量验收规范，列出评价项目的内容。

8. 结构工程、单位工程施工质量评价综合评分应达到 85 分及以上的才能评为优良工程。结构工程应先评价，综合评分达到 85 分及以上，评为结构优良工程，然后才能评价单位工程优良工程。结构达不到优良工程，单位工程不能评优良工程。

二、结构工程质量核查评分计算

1. 结构工程质量评价包括地基与基础工程和主体结构工程。

2. 地基与基础工程按《建筑工程施工质量验收统一标准》GB 50300—2013，评价包括了地基与桩基工程、地下防水工程。有关基坑支护、地下水控制、土方、边坡，不参加质量评价的核查，基础工程和地下室工程不参加地基与基础工程质量的评价核查，参加相应的主体结构的核查。其权重占整个工程的 10%。

3. 主体结构工程按《建筑工程施工质量验收统一标准》GB 50300—2013，主要列出了混凝土结构、钢结构和砌体结构工程，包括基础中相应内容的部分，其权重占整个工程的 40%。当混凝土工程、钢结构工程、砌体结构工程的二种结构或三种结构全有时，每种结构的权重，按在工程中占的比重及重要程度来综合确定。

如：有一个工程主体结构有混凝土结构、钢结构及砌体结构三种结构工程。其中混凝土结构工程工作量占 70%，钢结构工程 15%，砌体工程（填充墙）占 15%。但砌体工程只是填充墙，其主体结构权重按 10%计。主体结构的权重分配为混凝土结构 75%，钢结构 15%，砌体结构（填充墙）10%。即主体结构 40 中，混凝土结构占 30，钢结构工程占 6，砌体结构工程占 4。

若主体结构工程中有钢管混凝土结构、型钢混凝土结构、铝合金结构、木结构几种或一种时，可按规定分配权重。但权重总值 40 不变。且分配时，取整数值，以方便计算。

4. 结构工程质量核查评分计算：

$$P_s = A + B$$

式中：P_s——结构工程权重实得分；

A——地基与基础工程权重实得分；

B——主体结构工程权重实得分。

A 权重评价应得分 10。

$$A\text{ 权重评价实得分}=\frac{\text{地基与基础工程评价实得分}}{\text{地基与基础工程评价应得分}}\times 10$$

$$B\text{ 权重评价实得分}=B_1+B_2+B_3$$

式中：B_1——混凝土结构工程权重实得分；

B_2——钢结构工程权重实得分；

B_3——砌体结构工程权重实得分。

按公式计算：

$$B_1=\frac{\text{混凝土结构工程评价实得分}}{\text{混凝土结构工程评价应得分}}\times 30$$

$$B_2=\frac{\text{钢结构工程评价实得分}}{\text{钢结构工程评价应得分}}\times 6$$

$$B_3=\frac{\text{砌体结构工程(填充墙)评价实得分}}{\text{砌体结构工程(填充墙)评价应得分}}\times 4$$

5. 结构工程质量核查评价实得分合计见表 9-1。

6. 结构工程质量核查评分达不到 85 分，结构工程不能评结构优良工程。单位工程质量优良评价也不必再进行评价了。

结构工程质量评价实得分　　表 9-1

序号	工程部分 / 评价项目	地基与基础工程	主体结构工程		
			混凝土结构	钢结构	砌体结构
1	性能检测	32.8	40.0	40.0	40.0
2	质量记录	35.2	27.3	30.0	27.3
3	允许偏差	10.0	16.4	20.0	17.0
4	观感质量	7.6	9.1	9.0	8.5
合 计		85.6×0.1=8.56	92.8×0.3=27.84	99.0×0.06=5.94	92.8×0.04=3.71
		(8.32+27.84+5.94+3.71)/0.5=92.1			

填写结构工程质量评价表 9-2，各方签字认可，附上地基与基础、主体结构工程评价资料，作为结构工程评价报告。继续评价优良单位工程。

结构工程质量评价表 **表 9-2**

项目名称：××××

建设单位	××××	勘察单位	××××
施工单位	××××	设计单位	××××
监理单位	××××		
工程概况	框剪结构，高度 134m，混凝土及钢结构混合结构，砌块填充墙，地下 3 层，地上 3 层大开间商用房，38 层写字楼，建筑面积 24.6 万 m^2，工期 2 年 8 个月。地基为钢筋混凝土灌注桩 496 根，钢套管护壁，桩径 1400mm。地上大开间用钢模板，标准层用定型钢模板。预拌混凝土 C40、C35。		
工程评价	基础施工期间正是雨季，地下水位较高，后采取地面排水并加强抽排水，采用钢套管，保证桩位控制、混凝土浇筑排除雨天等措施，桩基础质量得到保证。主体结构期间，接受基础教训，重新制订措施，质量得到保证。监理对主要材料核验签认，对控制措施审查认可，加强工序质量验收，起到了好的作用。		
评价结论	结构质量评价得分达到 92.1 分。其中桩基质量只达到 85.6 分，主体质量评价得分达到 93.73 分，且质量较均衡。达到合同约定。 评为结构优良工程。 2015 年 11 月 12 日		

建设单位意见： 同意验收结论。 项目负责人：×× （公章） 2015 年 11 月 15 日	施工单位意见： 同意验收结论。 项目负责人：××× （公章） 2015 年 11 月 15 日	监理单位意见： 同意验收结论。 总监理工程师：×× （公章） 2015 年 11 月 15 日

第二节 单位工程质量评价

一、单位工程质量评价基本规定

1. 结构工程质量评价的基本规定也适用于单位工程的质量评价。

2. 单位工程质量评价应包括结构工程、屋面工程、装饰装修工程、安装工程及建筑节能工程。

3. 凡在施工中采用绿色施工、先进施工技术并获得省级及以上奖励的，可在单位工程核查后直接加1～2分。

4. 安装工程当包括建筑给水排水及供暖工程、建筑电气工程、通风与空调工程、电梯工程、智能建筑工程、燃气工程全部内容时。各项权重分配应符合表9-3。当六项工程不全有时，可按所占工程量大小分配权重，但权重总值20不变。且分配时取整数值，以方便计算。

安装工程权重分配表 **表9-3**

工 程 名 称	权 重 值
建筑给水排水及供暖工程	4
建筑电气工程	4
通风与空调工程	3
电梯工程	3
智能建筑工程	3
燃气工程	3

二、单位工程质量核查评分计算

1. 单位工程质量核查评分计算

$$P_c = P_s + C + D + E + F + G$$

式中：P_c——单位工程质量核查实得分；

C——屋面工程权重实得分；

D——装饰装修工程权重实得分；

E——安装工程权重实得分；

F——节能工程权重实得分；

G——附加分。（获得省级及以上奖励的加分）

$$C = \frac{\text{屋面工程评价实得分}}{\text{屋面工程评价应得分}} \times 5$$

$$D = \frac{\text{装饰装修工程评价实得分}}{\text{装饰装修工程评价应得分}} \times 15$$

$$E = \frac{\text{安装工程评价实得分}}{\text{安装工程评价应得分}} \times 20$$

$$F = \frac{\text{建筑节能工程评价实得分}}{\text{建筑节能工程评价应得分}} \times 10$$

2. 安装工程质量核查评分计算

$$E = E_1 + E_2 + E_3 + E_4 + E_5 + E_6$$

式中：E_1——建筑给水排水及供暖工程权重实得分；

E_2——建筑电气工程权重实得分；

E_3——通风与空调工程权重实得分；

E_4——电梯工程权重实得分；

E_5——智能建筑工程权重实得分；

E_6——燃气工程权重实得分。

E_1、E_2、E_3、E_4、E_5、E_6的计算参照 E 计算方法。

当安装工程 6 项工程不全有时，可按规定进行权重分配，但权重总值 20 不变。

3. 安装工程质量核查评分合计见表 9-4。

安装工程质量核查评分合计表　　表 9-4

序号	各部评分 / 评价项目	给水排水及供暖工程(4)	电气工程(4)	通风与空调工程(3)	电梯工程(3)	智能工程(3)	燃气工程(3)	合计
1	性能检测	34.0×0.04=1.36	40×0.04=1.6	40×0.03=1.2	40×0.03=1.2	35.2×0.03=1.06	4.0×0.03=1.2	7.62
2	质量记录	16.2×0.04=0.65	16.4×0.04=0.66	16.4×0.03=0.49	20×0.03=0.6	18.2×0.03=0.55	18.2×0.03=0.55	3.5
3	允许偏差	8.5×0.04=0.34	8.8×0.04=0.35	7.9×0.03=0.24	10×0.03=0.3	8.5×0.03=0.26	9.1×0.03=0.27	1.76
4	观感质量	26.4×0.04=1.06	27.3×0.04=1.09	27.3×0.03=0.82	30×0.03=0.9	26.85×0.03=0.81	28.2×0.03=0.85	5.53

续表

序号	各部评分 评价项目	给水排水及供暖工程(4)	电气工程(4)	通风与空调工程(3)	电梯工程(3)	智能工程(3)	燃气工程(3)	合计
合计		3.4	3.7	2.75	3.0	2.68	2.87	18.4
		85%	92.5%	91.7%	100%	89.3%	95.7%	92.0%

4. G 附加分的增加，凡在工程施工中采用绿色施工、先进施工技术等并获得省级及以上奖励的，应有正式奖励文件。可在单位工程质量核查评价后直接加 1～2 分的附加分。加分只限一次，有多项奖励时，可选取大分值。

5. 单位工程质量核查评分合计见表 9-5。

6. 单位工程质量评价结果分析

将各评价项目分值核查结果，填入“单位工程核查评分汇总表”表 9-5，计算分析各评价项目质量水平，各评价部分质量水平，以及单位工程总体质量水平。本工程没有附加分。

单位工程核查评分汇总表　　表 9-5

序号	工程部分 评价项目	地基与基础工程	主体结构工程	屋面工程	装饰装修工程	安装工程	建筑节能工程	备注
1	性能检测	3.04	16.0	2.0	4.5	7.62	4.0	
2	质量记录	3.52	11.08	1.0	2.46	3.5	2.1	
3	允许偏差	1.0	6.8	0.5	1.37	1.76	0.91	
4	观感质量	0.76	3.61	1.5	5.28	5.53	1.87	
合计		8.32	37.49	5.0	13.61	18.41	8.88	91.71%
		83.2%	93.7%	100%	90.7%	92.1%	88.8%	

注：按表竖向评价项目得分合计，可分析各工程部分的质量水平。

7. 填写单位工程质量评价表 9-6 的内容进行评价。可作为单位工程评价结果。将有关评价过程的评价资料附上。即为评价结果报告。

单位工程（工程）质量评价表

项目名称：××××　　　　表 9-6

<table>
<tr><td>建设单位</td><td>××××</td><td>勘察单位</td><td>××××</td></tr>
<tr><td>施工单位</td><td>××××</td><td>设计单位</td><td>××××</td></tr>
<tr><td>监理单位</td><td>××××</td><td></td><td></td></tr>
<tr><td>工程概况</td><td colspan="3">框剪结构，高度 134m，混凝土及钢结构混合结构，地下 3 层，地上 3 层大厅，38 层写字楼，建筑面积 24.6 万 m²，工期 2 年 8 个月。精装饰竣工，工程质量合同签订为优良工程。</td></tr>
<tr><td>工程评价</td><td colspan="3">工程开始由于雨季，地下水位也较高，桩基控制不够严格，后经各方办公会议确定，接受桩基教训，责成施工单位加强控制，主体结构期监理加强措施核验，控制较好。屋面工程质量最好。装饰期间，由于抢工，又受到一些影响。总体质量较好。</td></tr>
<tr><td>评价结论</td><td colspan="3">总体质量评分达到 91.71%，大于 85 分。并且质量较均衡。达到合同约定的优良工程目标。建设、施工、监理三方验收通过。
2016 年 3 月 5 日</td></tr>
</table>

<table>
<tr><td>建设单位意见

同意评为优良工程。

项目负责人：××
（公章）
2016 年 3 月 5 日</td><td>施工单位意见

评为优良工程。

项目负责人：×××
（公章）
2016 年 3 月 5 日</td><td>监理单位意见

同意评为优良工程。

总监理工程师：××
（公章）
2016 年 3 月 5 日</td></tr>
</table>